"十四五"职业教育国家规划教材

U0397969

物联网
应用基础实训

孙永梅 段 欣◎主 编
马春清 朱宝辉 李钦福◎副主编

电子工业出版社·
Publishing House of Electronics Industry
北京·BEIJING

内 容 简 介

本书根据各类职业院校新兴物联网专业、物联网应用类技能大赛对相关实训的具体要求编写。本书结合中等职业学校学生的特点，对接物联网相关企业的岗位需求，吸取北京新大陆时代教育科技有限公司的物联网工程经验，引入技能竞赛资源，适用于职业院校物联网专业发展的实际情况。

本书可作为物联网技术应用专业的入门教材，有益于培养学生对物联网技术应用专业学习的兴趣，也可作为物联网专业大型综合实训应用的基础性教材。

未经许可，不得以任何方式复制或抄袭本书之部分或全部内容。
版权所有，侵权必究。

图书在版编目（CIP）数据

物联网应用基础实训 / 孙永梅，段欣主编. —北京：电子工业出版社，2021.8

ISBN 978-7-121-41714-6

Ⅰ. ①物… Ⅱ. ①孙… ②段… Ⅲ. ①物联网—应用—中等专业学校—教材 Ⅳ. ①TP393.4②TP18

中国版本图书馆 CIP 数据核字（2021）第 153751 号

责任编辑：关雅莉
印　　刷：北京七彩京通数码快印有限公司
装　　订：北京七彩京通数码快印有限公司
出版发行：电子工业出版社
　　　　　北京市海淀区万寿路 173 信箱　邮编　100036
开　　本：787×1 092　1/16　印张：15.75　字数：403.2 千字
版　　次：2021 年 8 月第 1 版
印　　次：2024 年 11 月第 6 次印刷
定　　价：42.00 元

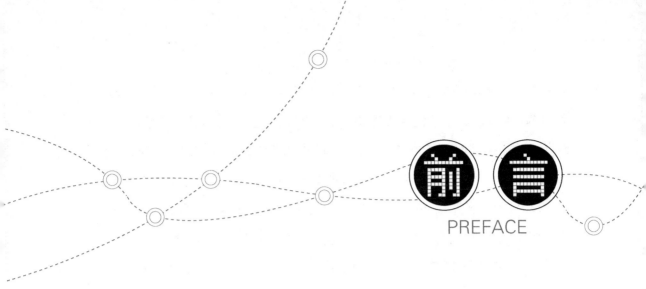

前言

PREFACE

为建立健全的教育质量保障体系，提高职业教育质量，教育部于 2014 年颁布了《中等职业学校专业教学标准》（以下简称"专业教学标准"）。专业教学标准是指导和管理中等职业学校教学工作的主要依据，是保证教育教学质量和人才培养规格的纲领性教学文件。在"教育部办公厅关于公布首批《中等职业学校专业教学标准（试行）》目录的通知"（教职成厅函〔2014〕11 号）中，强调"专业教学标准是开展专业教学的基本文件，是明确培养目标和规格、组织实施教学、规范教学管理、加强专业建设、开发教材和学习资源的基本依据，是评估教育教学质量的主要标尺，同时也是社会用人单位选用中等职业学校毕业生的重要参考"。

党的二十大报告指出，"加快发展物联网，建设高效顺畅的流通体系，降低物流成本"。加大力度培养物联网方面的人才是推动行业快速发展的重要保证，物联网技术应用专业于 2019 年正式列入中等职业学校专业目录，但当前的物联网专业教材大多适用于本科或高职院校，中职层面的物联网专业教材比较紧缺。本书在各中职学校积极增设物联网技术应用专业、加强物联网专业建设的背景下开发，以推动学科建设、培养专业人才、顺应社会发展。

本书特色

本书根据中职新兴物联网专业、物联网应用类技能大赛对相关实训的具体要求编写。

本书采用双领式任务驱动教学，通过任务引领、问题引领实验实训和技术知识。任务中将学习时政知识提技强能环节巧妙融入思政教育，突破传统先理论后实践的形式，以先动手做后学理论的方式组织实训任务。各任务紧密联系实际应用，既有传统技能传承，又有前沿技术融入。任务实施过程中注重培养学生的学习兴趣与动手能力，渗透 7S 职业素养，注重团队合作，鼓励发扬个人特长。利用能力拓展和知识链接环节引导学生自主拓展学习，鼓励创意创新，旨在有效提升学生的学习能力、技能水平和创新能力。

本书的设计不以繁杂的理论知识做开篇，而是以双领模式展开教与学，即以任务引领、问题引领的方式，引出知识和技能。通过具体的操作步骤引导学生做中学、学中做，在完成任务的过程中解答问题，注重培养学生自主探究和主动学习的能力，重视学生综合动手能力的锻炼和提高，强调职业素养渗透和思政融入。在内容选取上以物联网的三层架构为蓝本，划分 5 个单元共 24 个任务。

本书作者

本书由济南信息工程学校孙永梅、山东省教科院段欣担任主编，济南信息工程学校马春清、朱宝辉、北京新大陆时代教育科技有限公司李钦福担任副主编，山东信息职业学院郭曙光教授担任主审。

北京新大陆时代教育科技有限公司提供了企业产品参数、技术标准等相关资源，相关职业学校的老师参与了程序测试、试教和修改工作，在此表示衷心的感谢。

教学资源

为了提高学习效率和教学效果，方便教师教学，本书设有配套立体化教学资源。请有需要的老师登录华信教育资源网（http://www.hxedu.com.cn）免费注册后下载。如有问题请在网站留言板留言或与电子工业出版社联系（E-mail:hxedu@phei.com.cn）。

由于编者水平有限，书中难免有错误和不妥之处，恳请广大师生和读者批评指正。

编　者

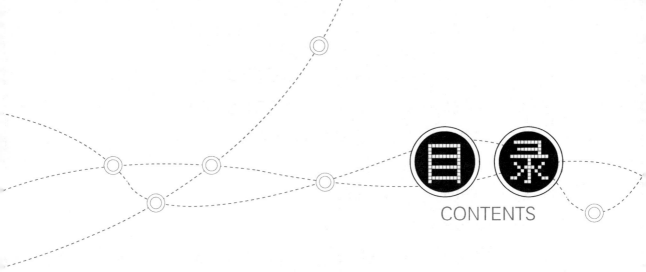

目录 CONTENTS

第 4 单元　CC2530 单片机基础

第 5 单元　综合实训

第 1 单元

走进物联网

 单元概述

　　物联网概念的提出已有 30 年之久。作为新一代信息技术的重要组成部分，在"信息化"时代的重要发展阶段，物联网技术及应用早已悄无声息地融入人们生活中的方方面面，如图 1-1 所示。从智能手环检测健康，到国际远程医学诊疗，从智能家居到智慧城市，物联网技术的应用领域几乎覆盖了各行各业。

　　2009 年 8 月，我国正式将物联网列为国家五大新兴战略性产业之一，并写入 2010 年的政府工作报告中。经过十多年的发展，我国物联网产业已形成一定规模，进入了发展的黄金阶段。

　　什么是物联网？物联网的应用场景有哪些？我国的物联网技术发展现状是怎样的？本单元我们将一起通过线上线下的形式去探索物联网的面貌。

图 1-1　物联网技术及应用

单元目标

（1）理解物联网的概念。

（2）了解物联网的应用。

（3）认识物联网相关设备。

（4）坚持系统观念，掌握物联网的体系架构。

内容列表

第 1 单元内容如表 1-1 所示。

表 1-1　第 1 单元内容

内容	知识点	设备	资源
任务卡 1.1	物联网概念、应用领域	物联网应用场景体验平台	习题参考答案
任务卡 1.2	物联网的三层架构、认识物联网设备	物联网智慧社区应用系统	习题参考答案
任务卡 1.3	知识点回顾与检测	物联网智慧社区应用系统	检测参考答案

单元评价

请填写第 1 单元学习评价表，如表 1-2 所示。

表 1-2　第 1 单元学习评价表

任务清单	自我评价 (25 分)	小组评价 (25 分)	教师评价 (50 分)	任务总评价 (100 分)
任务卡 1.1				
任务卡 1.2				
任务卡 1.3				
平均得分	$S_1=$	$S_2=$	$S_3=$	$S=$
请根据任务总评价平均得分确定单元评价等级 A（$S \geqslant 90$）　B（$80 \leqslant S < 90$）　C（$60 \leqslant S < 80$）　D（$S < 60$）				

任务卡 1.1　"感知中国"——什么是物联网

2019 年 10 月，第六届世界互联网大会在浙江乌镇开幕。国家主席习近平致贺信。

习近平指出，今年是互联网诞生 50 周年。当前，新一轮科技革命和产业变革加速演进，人工智能、大数据、物联网等新技术新应用新业态方兴未艾，互联网迎来了更加强劲的发展动能和更加广阔的发展空间。发展好、运用好、治理好互联网，让互联网更好造福人类，是国际社会的共同责任。各国应顺应时代潮流，勇担发展责任，共迎风险挑战，共同推进网络空间全球治理，努力推动构建网络空间命运共同体。

🔭 任务提出 1

现在的生活与过去相比，有什么变化？例如：购物方面、交通方面、学习方面、家居方面。在越来越便利的生活中，你是否有很多的好奇和更多的期待？让我们带着下面的问题一起去看看物联网的世界吧。

问题 1：物联网到底是什么？物联网的定义是什么？

问题 2：你看到的、知道的生活中哪些场所应用了物联网技术？

拓展问题：查阅资料，了解"物联网"是怎么出现的；它的前世、今生和未来是什么样子的。

⏰ 任务目标 1

（1）解释物联网的概念。

（2）简述物联网的应用领域。

🖥 任务实施 1

1. 看图了解物联网

图 1-2 是关于物联网的图片，观察这些图片，请在表 1-3 中简要回答下面的问题。

图 1-2　了解物联网

（1）根据图片，你认为物联网的英文简称是什么？

（2）根据图片，了解到物联网在哪些领域得到应用？

表 1-3　物联网概述

物联网的英文简称	
物联网的应用	

2．走进物联网世界

如果说互联网将整个世界变成了地球村，那么物联网将使得这个地球村变得智能化；如果说互联网连接的是虚拟世界，那么物联网连接的就是现实世界。物联网为人们提供了更多的服务，为人们的生活带来更多便利，让人们的生活变得更加智能、更加美好。

2020 年 12 月 20 日，2020 世界物联网大会在北京召开，大会发布了"2020 世界物联网排行榜 500 强企业名单"，华为云连续四届斩获榜首。此次排名，再一次肯定了华为云在全球物联网产业领域的领导能力和突出贡献。

1）物联网，未来生活

通过扫描二维码 1-1 观看华为物联网演示视频，通过视频了解物联网技术在生活中的应用。请在表 1-4 中记录从视频中了解到的信息。

表 1-4　物联网演示

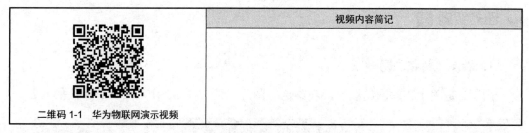

	视频内容简记
二维码 1-1　华为物联网演示视频	

2）物联网概述

通过扫描二维码 1-2 观看视频，通过视频了解物联网的概念、特点和应用领域。请在表 1-5 中记录从视频中了解到的信息，然后分组进行讨论和汇总。

表 1-5　物联网的概念与特点

二维码 1-2　物联网简介	物联网的概念	
	物联网的特点	

3）体验物联网

结合物联网实训系统或实际生活中物联网应用案例描述，通过物联网实训平台体验什么是物联网及物联网的特点。

图 1-3 是智能环境监测系统，通过计算机上的"环境监测"应用程序，可以实时查看温度、湿度等环境数据。

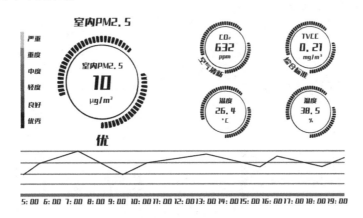

图 1-3　智能环境监测系统

图 1-4 是自动照明系统，比如，楼道中的照明灯在有人经过时会自动亮起。

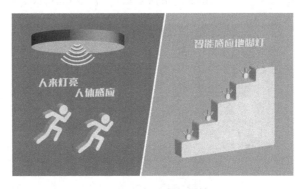

图 1-4　自动照明系统

图 1-5 是人脸识别考勤系统，比如，同学们出入校门需要人脸识别，班主任和家长通过手机可以实时了解同学们上学、放学的情况。

图 1-5　人脸识别考勤系统

图 1-6 是手机中的应用程序，利用手机中的"通信大数据行程卡"小程序可以查询个人国内和国际前 14 天内的行程轨迹。

图 1-6　手机中的应用程序

图 1-7 是智能手环，能够监测佩戴者的心率、体温、睡眠状况等数据。

图 1-7　智能手环

4）物联网应用领域

阅读本任务的"知识链接"内容，各小组展开讨论，探索物联网能够应用在表 1-6 所示的哪些领域中。

表 1-6　物联网的应用领域

物联网的应用领域	工业、农业、环境、交通、物流、安保、家居、医疗健康、教育、金融与服务业、旅游业

📖 任务总结 1

1．总结

物联网应用领域范围几乎覆盖了各行各业，在其发展的同时还将带动传感器、微电子、视频识别等一系列产业的同步发展，带来巨大的产业集群生产效益。阿基米德曾说过"给我一个支点我可以撬起地球"，而随着技术的发展，"给我一个物联网我可以感知地球"将可能在未来得以实现。本任务探讨了物联网的概念、特点和应用，读者可以通过学习本任务的"知识链接"内容和配套资源进一步了解更多关于物联网的基础知识。

2．目标达成测试

（1）物联网的简称是＿＿＿＿＿＿。物联网的核心和基础依然是＿＿＿＿＿＿。

（2）简述物联网的概念。

（3）物联网的基本特征可概括为＿＿＿＿＿＿＿＿。

（4）简述物联网技术的应用领域有哪些。畅想自己在未来的物联网行业中的角色，可以为物联网技术的发展做出哪些贡献。

📖 能力拓展 1

（1）通过互联网搜索关于物联网发展的故事或事件，与同学们分享。

（2）用手机微信 App 搜索通信大数据行程卡小程序，查看自己近期的行程轨迹。

🎓 学习评价 1

请填写本任务学习评价表，如表 1-7 所示。

表1-7　学习评价表

自我评价（25分）		小组评价（25分）		教师评价（50分）	
明确任务目标（5分）		出勤与课堂纪律（5分）		态度端正，积极主动参与（10分）	
能够跟进课堂节奏，完成相应练习（10分）		善于合作与分享，负责任有担当（10分）		能够理解和接受新知识（10分）	
				能够独立完成基本技能操作（15分）	
了解重点知识，能够讲述主要内容（10分）		讨论切题，交流有效，学习能力强（10分）		善于思考分析与解决问题（10分）	
				能够联系实际，有创新思维（5分）	
合计得分		合计得分		合计得分	
本人签字		组长签字		教师签字	

💡 知识链接 **1**

1. 物联网发展简介

物联网的思想最早可追溯到 1991 年美国麻省理工学院（Massachusetts Institute of Technology，MIT）的凯文·艾什顿（Kevin Ashton）教授，他首次提出物联网的概念。1995 年，比尔·盖茨在《未来之路》一书中也曾提及物联网，但受到当时无线网络、传感设备等限制，该思想并未受到人们的广泛重视。

1999 年，美国麻省理工学院建立了"自动识别中心"，提出"万物皆可通过网络互连"，阐明了物联网的基本含义。早期的物联网是建立在射频识别（Radio Frequency Identification，RFID）技术、物品编码和互联网基础上的物流网络。

2005 年 11 月 17 日，在突尼斯举行的信息社会世界峰会（WSIS）上，国际电信联盟（ITU）发布《ITU 互联网报告 2005：物联网》。报告指出，无所不在的"物联网"通信时代即将来临，世界上所有的物体从轮胎到牙刷、从房屋到纸巾都可以通过互联网主动进行信息交换。射频识别技术、传感器技术、纳米技术、智能嵌入技术将得到更加广泛的应用。

我国政府也高度重视物联网的研究和发展，2009 年 8 月 7 日，时任国务院总理的温家宝在无锡视察时发表重要讲话，提出"感知中国"的战略构想，表示中国要抓住机遇，大力发展物联网技术。2009 年 11 月 3 日，温家宝向首都科技界发表了题为《让科技引领中国可持续发展》的讲话，强调科学选择新兴战略性产业的重要性，并要求着力突破传感网、物联网关键技术。

2. 物联网定义

物联网是指通过信息传感设备，按约定的协议，将任何物体与网络相连接，物体通过信息传播媒介进行信息交换和通信，以实现智能化识别、定位、跟踪、监管等功能。

物联网，顾名思义，就是将"物"连接起来构成四通八达的"网"，或者说通过"网"能了解到任何"物"，并能了解到"物"的内部状态。说到底，就是"物"具有能把其内部状态呈现出来的能力，并通过网络传输到外部"网"。通过技术手段，将"物"内部状态呈现出来，即各类传感器检测到"物"的现场状态，并通过各种网络通路，把信息传递出去，后续信息再被加以处理和应用。

物联网作为一种新兴的信息技术，即"物"的互联网，它具有以下三层含义。

（1）"物联网"依然是一个网，是一个在现有互联网基础上的网，应具有互联网的共性，这些共性应包括信息传输、信息交换、信息存储与信息应用。

（2）物联网中的"物"应具有互联网终端或端点的特性，即"物"可以被寻址，"物"可以产生信息、交换信息。

（3）物联网中的"物"所产生的信息可加以应用，或者说，人们可以应用"物"的信息。

中国物联网校企联盟将物联网定义为几乎所有技术与计算机、互联网技术的结合，实现物体与物体之间，环境以及状态信息的实时共享和智能化的收集、传递、处理、执行。物联网是一个基于互联网、传统电信网等信息承载体，让所有能够被独立寻址的普通物理对象实现互联互通的网络，其具有智能、先进、互联三个重要特征。

对物联网的理解可以概括为通过射频识别、红外感应器、全球定位系统、激光扫描器等信息传感设备，对物理世界进行感知识别，通过网络传输互联，进行计算、处理和知识挖掘，实现人与物、物与物链接和信息交互，实现智能化识别、定位、监控和管理等，达到对物理世界实时控制、精确管理和科学决策的目的。

3. 物联网特点

物联网是"万物沟通"的网络，实现了跨越时间、地点及物体的连接。可以帮助实现人类社会与物理世界的有机结合，使人类可以以更加精细和动态的方式管理生产和生活，从而提高整个社会的信息化能力。从通信对象和过程来看，物与物、人与物之间的信息交互是物联网的核心。物联网的基本特征可概括为整体感知、可靠传输和智能处理。

整体感知——物联网是各种感知技术的广泛应用，可以利用射频识别、二维码、智能传感器等感知设备感知获取物体的各类信息。物联网上部署了大量多种类型的传感器，每个传感器都是一个信息源，不同类别的传感器所捕获的信息内容和信息格式不同。传感器获得的数据具有实时性，按一定的频率周期性地采集环境信息，不断更新数据。

可靠传输——物联网是一种建立在互联网上的泛在网络，可以通过对互联网、无线网络的融合，将物体的信息实时、准确地传送，以便信息交流、分享。在物联网上的传感器定时采集的信息需要通过网络传输，由于其数量极其庞大，形成了海量信息，在传输过程中，为了保障数据的正确性和及时性，必须适应各种异构网络和协议。所以物联网技术的重要基础和核心仍旧是互联网，通过各种有线和无线网络与互联网融合，将物体的信息实时地、准确地进行可靠传输。

智能处理——使用各种智能技术，对感知和传送的数据、信息进行分析处理，实现监测与控制的智能化。物联网最具有吸引力的是它智能处理的能力，能够对物体实施智能控制。物联网将传感器和智能处理相结合，利用云计算、模式识别等各种智能技术，扩充其应用领域。从传感器获得的海量信息中分析、加工和处理有意义的数据，以适应不同用户的不同需求，发现新的应用领域和应用模式。

4. 物联网应用

如图 1-8 所示，物联网的应用领域涉及方方面面，在工业、农业、环境、交通、物流、安保等基础设施领域的应用，有效地推动了这些方面的智能化发展，使得有限的资源被更加合理地使用分配，从而提高了行业效率、效益。在涉及国防军事领域方面，物联网应用带来的影响不可小觑，大到卫星、导弹、飞机、潜艇等装备系统，小到单兵作战装备，物联网技术的嵌入有效提升了军事领域的智能化、信息化、精准化水平，极大地提升了军事战斗力，是未来军事变革的关键。

物联网在家居、医疗健康、教育、金融与服务业、旅游业等与生活息息相关的领域的应用，极大地改进了服务范围、服务方式和服务质量，大大提高了人们的生活质量。

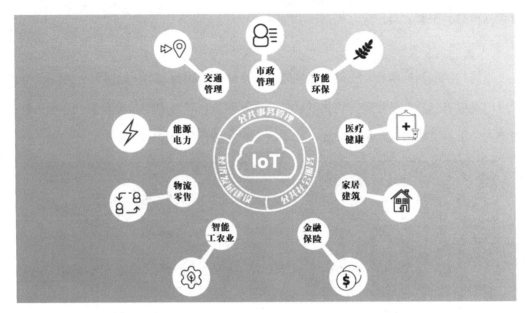

图 1-8　物联网的应用领域

1）交通

物联网与交通的结合主要体现在智能交通方面，实现了人、车、路的紧密联系，使交通环境得到改善，交通安全得到保障，资源利用率在一定程度上也得到提高，如图 1-9 所示。其具体应用在智能公交车、共享单车、车联网、充电桩监测、智能红绿灯、智慧停车等方面。

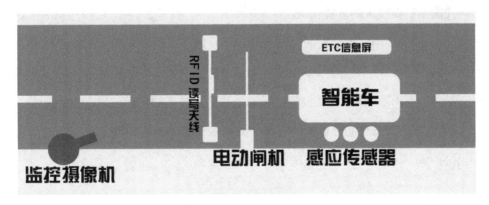

图 1-9　智能交通

2）安防

传统的安防依赖人力，而智能安防可以利用设备，减少对人员的依赖。智能安防主要包括门禁、报警、监控等，如图 1-10 所示。

3）家居

家居与物联网的结合，使得很多智能家居企业走向物物联动，如图 1-11 所示。智能家居的发展首先是单品连接，物物联动处于中间阶段，最终阶段是平台集成。利用物联网技术，可以监测家居产品的位置、状态、变化，进行分析反馈。

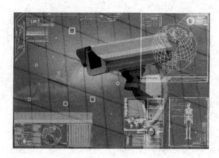

图 1-10　智能安防　　　　　　　　　图 1-11　智能家居

4）物流

在物联网、大数据和人工智能的支撑下，物流的各个环节已经可以进行系统感知、全面分析处理等功能。物联网在该领域的应用，主要是仓储、运输监测、快递终端。结合物联网技术，可以监测货物的温湿度和运输车辆的位置、状态、油耗、速度等，如图 1-12 所示。从运输效率来看，物流行业的智能化水平得到了提高。

5．我国物联网技术的发展情况

尽管我国的物联网技术在发展时间上相对于发达国家起步较晚，在核心技术的掌握能力上稍落后于发达国家，但如今在社会生活中的应用也变得越来越多。共享单车、移动 POS 机、电话手表、移动售卖机等产品都是物联网技术的实际应用。智慧城市、智慧物流、智慧农业、智慧交通等场景中对物联网技术的应用也越来越广泛。

我国的物联网技术在发展中呈现出以下三大特点。

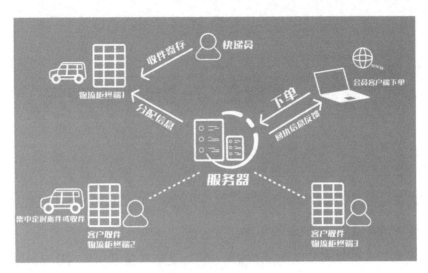

图 1-12　智能物流

一是生态体系逐渐完善。在企业、高校、科研院所的共同努力下，中国形成了芯片、元器件、设备、软件、电器运营、物联网服务等较为完善的物联网产业链，涌现出一批具有较强实力的物联网领军企业，初步建成一批共性技术研发、检验检测、投融资、标识解析、成果转化、人才培训、信息服务的公共服务平台。

二是创新成果不断涌现。中国在物联网领域已经建成一批重点实验室，汇聚整合多行业、多领域的创新资源，基本覆盖了物联网技术创新各环节，物联网专利申请数量逐年增加。

窄带物联网引领世界发展，在国际话语中的主导权不断提高。目前，中国三家基础电信企业都已启动窄带物联网（NB-IoT）网络建设，将逐步实现全国范围广泛覆盖。江西鹰潭、福建福州等地方政府都支持 NB-IoT 发展，正在推进数十万台基于 NB-IoT 的智能水表部署，西藏正在尝试将 NB-IoT 网络引入牦牛市场。

三是产业集群优势不断凸显。中国形成了长三角、京津冀、长江经济带和粤港澳大湾区四大区域发展格局，无锡、杭州、重庆运用配套政策，已成为推动物联网发展的重要基地，培育重点企业带动作用显著。2019 年，工信部启动了先进制造业集群竞赛工作。无锡物联网创新促进中心从近 100 家参赛选手中脱颖而出，成为入围决赛阶段的唯一一家以物联网为主题的产业集群促进机构。2020 年，无锡物联网产业以强链、补链、造链的思路积极推动物联网与其他产业之间的跨界融合，并在多个领域取得突破。

任务卡 1.2 一探究竟——物联网的架构

当下，数字经济已经成为经济社会发展的主导力量。数字经济以使用数字化的知识和信息作为关键生产要素、以现代信息作为重要载体、以信息通信技术的有效使用作为效率提升和经济结构优化的重要推动力。

物联网将物理世界和互联网世界紧密连接，是信息技术和控制技术的融合，借助数据采集技术和智能网络技术对物理世界进行分析预测和优化，创造新的价值。

从技术层面来说，物联网与包括大数据、云计算、区块链、人工智能、5G 通信等在内的新一代信息技术，必然为实现高效数字经济形态提供技术基础和数字化工具。

🎥 任务提出 2

我们已经了解了物联网的概念和特点，也体验过了物联网的应用案例。物联网的广泛应用和强大发展势头体现在生活的各个方面。那么在每一个应用中，物联网是怎么工作的？它是怎样的一种架构？都用到了哪些设备和技术？让我们一探究竟。

问题1：生活中的物联网应用涉及了哪些设备？

问题2：物联网的体系架构是什么样子的？

拓展问题：坚持系统观念，探究物联网应用系统中各种设备或各种技术之间是怎样关联，如何配合工作的？

⏰ 任务目标 2

（1）理解物联网的三层架构。

（2）认识物联网应用中的相关设备。

（3）知晓物联网的主要技术。

（4）能够描述物联网应用系统的工作过程。

💻 **任务实施 2**

1. 看图了解物联网的体系架构

（1）观察图 1-13 物联网架构图，可以发现物联网架构可以分为_____、_____、

_____三个层次。

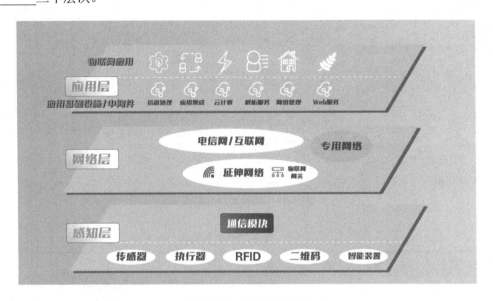

图 1-13　物联网架构图

（2）根据图中表示的物联网架构的各层次关系，可知温度传感器属于_____层

设备，路由器属于_____层设备，条形码扫描枪属于_____层设备，云计算属于

_____层技术。

2. 物联网设备认知

（1）观察图 1-14，各小组讨论分析物联网在智能家居中应用到了哪些设备中，并

列举。

（2）利用实训平台搭建物联网应用系统，或通过扫描二维码 1-3 观看视频。通

过观察，探究物联网应用系统中使用了哪些设备，在表 1-8 中记录所看到的设备的

信息和功能。

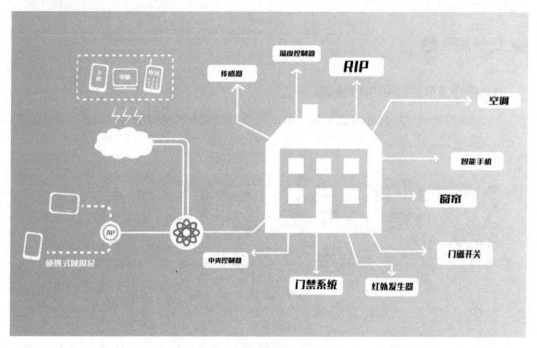

图 1-14 物联网应用案例

表 1-8 设备的信息和功能

设备名称	功　能	设备名称	功　能

二维码 1-3 物联网应用系统

3. 实操训练

各小组操作运行实训平台上的环境监测系统，观察运行现象，结合表 1-9 中的设备功能，分析系统运行时数据流向，写出数据流经下列设备的先后顺序，用序号排序。

表 1-9 设备功能与数据流向

设备功能	① PC：应用程序进行数据分析和数据处理
	② 传感器：将从外界感知到的各种信号转换成电信号
	③ 路由器：是连接两个或多个网络的硬件设备，进行路径选择和数据转发
	④ 串口服务器：提供串口转网络功能，能够将 RS-232/485/422 串口转换成 TCP/IP 网络接口，实现 RS-232/485/422 串口与 TCP/IP 网络接口的数据双向透明传输
	⑤ 采集器：包含传感器接口和 RS-485 串口，实现数据接收和数据传输

续表

数据流向顺序	

4. 巩固复习

根据对环境监测系统的运行，结合本任务知识链接内容，分析环境监测系统各层功能的实现用到了哪些技术，涉及哪些学科知识，将你认为可能的选项勾选出来。

❑传感器技术 ❑RFID 技术 ❑数据采集与处理 ❑计算机网络技术 ❑网络组建

❑网站建设 ❑C#语言开发 ❑Java 程序设计 ❑数据库 ❑单片机开发 ❑云计算

📖 任务总结 **2**

1. 总结

本任务介绍了部分物联网设备和物联网的三层架构。列举了部分生活中的物联网应用案例，简要介绍了物联网的关键技术与涉及的学科。

2. 目标达成测试

（1）物联网的三层架构包含_____、_____、_____。

（2）图 1-15 所示为菌菇房智能控制箱，请观察其组成，试着在表 1-10 中填写各组成部分的名称和功能。

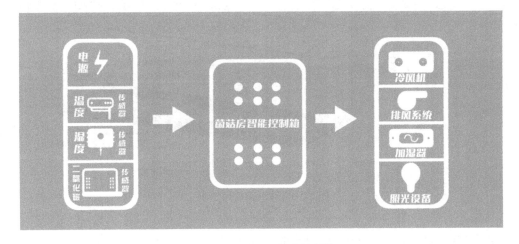

图 1-15　菌菇房智能控制箱

表 1-10　菌菇房设备名称和功能

设备名称	功能简述

（3）描述智能环境监测系统的工作过程。

（4）拓展作业：尝试用画图软件 Visio 绘制结构图，来描述本任务中环境监测系统中各设备之间的关系。

📖 能力拓展 **2**

1. 图 1-16 所示为物联网应用案例，尝试根据图示内容分析：

（1）该系统是物联网技术在哪一方面的应用？

（2）该系统中用到了哪些设备？主要功能是什么？

（3）用联系的、系统的观点分析该案例中系统的工作过程。

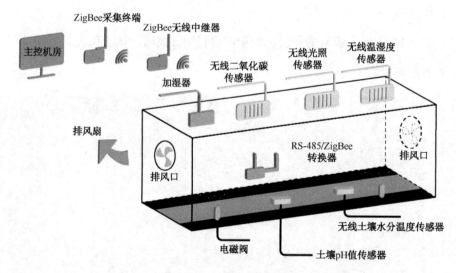

图 1-16　物联网应用案例

2. 使用一次共享单车，探寻其工作流程，参考图 1-17 分析其工作原理，并作简述。

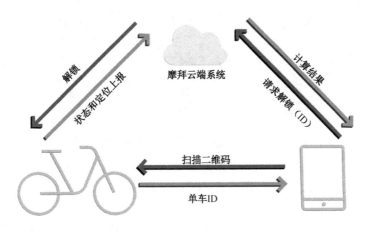

图 1-17 共享单车工作流程

学习评价 2

请填写本任务学习评价表，如表 1-11 所示。

表 1-11 学习评价表

自我评价（25 分）		小组评价（25 分）		教师评价（50 分）	
明确任务目标（5 分）		出勤与课堂纪律（5 分）		态度端正，积极主动参与（10 分）	
能够跟进课堂节奏，完成相应练习（10 分）		善于合作与分享，负责任有担当（10 分）		能够理解和接受新知识（10 分）	
				能够独立完成基本技能操作（15 分）	
了解重点知识，能够讲述主要内容（10 分）		讨论切题，交流有效，学习能力强（10 分）		善于思考分析与解决问题（10 分）	
				能够联系实际，有创新思维（5 分）	
合计得分		合计得分		合计得分	
本人签字		组长签字		教师签字	

知识链接 2

1. 物联网的三层架构

回顾一下物联网的三大功能特征：全面感知、可靠传输、智能计算。与之相对应的，物联网体系结构可以分为感知层、网络层和应用层三个层次，如图 1-18 所示。

感知层由各种传感器及传感器网关构成，包括二氧化碳浓度传感器、温度传感器、湿度传感器、二维码标签、RFID 标签和读写器、摄像头、GPS 等感知终端。感知层的作用相当于人的眼耳鼻喉和皮肤等，它是物联网识别物体、采集信息的来源。

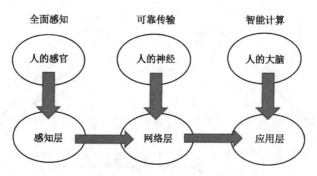

图 1-18　物联网体系结构

网络层由各种私有网络、互联网、有线和无线通信网、网络管理系统和云计算平台等组成，相当于人的神经，负责传递和处理感知层获取的信息。

应用层是物联网和用户（包括人、组织和其他系统）的接口，它与行业需求结合，实现物联网的智能应用。

在各层之间，信息不是单向传递的，也有交互、控制等，所传递的信息多种多样，这其中关键是物品的信息，包括在特定应用系统范围内能唯一标识物品的识别码和物品的静态与动态信息。

2．物联网的关键技术

1）RFID 技术

图 1-19 是 RFID 系统组成，RFID 技术工是物联网中"让物品开口说话"的关键技术，物联网中 RFID 标签上存储着规范而具有互通性的信息，通过无线数据通信网络把它们自动采集到中央信息系统中，从而实现物品的识别。RFID 技术广泛应用于图书管理、门禁系统和动物识别等方面。RFID 应用举例如图 1-20 所示。

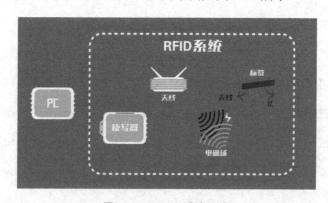

图 1-19　RFID 系统组成

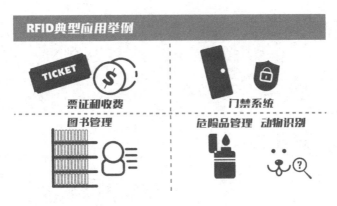

图 1-20 RFID 应用举例

2）传感器技术

在物联网中传感器主要负责接收物品"讲话"的内容。传感器技术是从自然信源获取信息并对获取的信息进行处理、变换、识别的一门多学科交叉的现代科学与工程技术，它涉及传感器、信息识别和处理的规划设计、开发、制造、测试、应用及评价改进活动等内容。汽车中的传感器如图 1-21 所示。

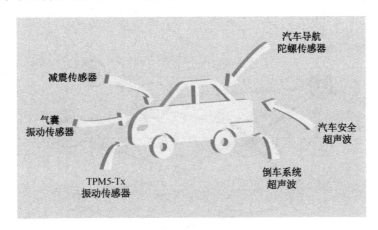

图 1-21 汽车中的传感器

3）无线网络技术

物联网中物品要与人无障碍地交流，必然离不开高速、可进行大批量数据传输的无线网络，如图 1-22 所示。无线网络既包括允许用户建立远距离无线连接的全球语音和数据网络，又包括近距离的蓝牙技术、红外技术和 ZigBee 技术。

图 1-22　无线网络

4）人工智能技术

人工智能是研究用计算机来模拟人的某些思维过程和智能行为（如学习、推理、思考和规划等）的技术，如图 1-23 所示。在物联网中人工智能技术主要将物品"讲话"的内容进行分析，从而实现计算机自动处理。

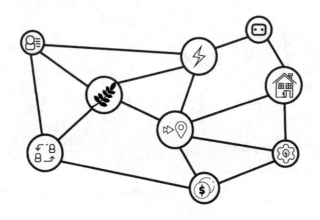

图 1-23　人工智能

5）云计算技术

物联网的发展离不开云计算技术的支持。物联网终端的计算和存储能力有限，云计算可以作为物联网的大脑，以实现对海量数据的存储和计算，如图 1-24 所示。

图 1-24　云计算

3. 共享单车

如今，共享单车几乎遍布全国大街小巷，共享单车系统是典型的物联网应用系统，其核心部件是智能锁，共享单车与智能锁通过手机 App 联系在一起，如图 1-25 所示。

图 1-25　共享单车

单车内置蓝牙芯片，这种芯片支持定位，蓝牙 IC 可直驱马达，支持多种开锁方式，如二维码扫描方式、单车编号输入、蓝牙连接方式开锁等，另外这款蓝牙芯片还支持接收 GSM、GPRS、W-CDMA 和 TD-SCDMA 网络数据，具有超低功耗的特点，而在安全性上，蓝牙"LE Secure Connections"安全配对方式的引入，使得蓝牙与锁的结合更加流畅合理。

在智能锁内还集成了带有独立号码的 SIM 卡，通过 3G、4G 网络，与云端保持通信能力，及时将车辆所在位置（GPS 信息）和车辆当前状态（锁定状态或使用状态）报送云端。

任务卡 1.3 温故知新——单元贯穿

A 知识过关

1. 物联网的英文简称是_____。

2. 物联网的基本特征可概括为_____、_____、_____。

3. 物联网的三层架构包含_____、_____、_____。

4. 路由器属于物联网_____的设备。

    A. 链路层   B. 感知层   C. 网络层   D. 应用层

5. 人体红外传感器属于物联网_____的设备。

    A. 链路层   B. 感知层   C. 传输层   D. 应用层

6. 根据物联网三层架构各层次的功能，将表 1-12 中右侧各描述序号填入左侧对应的功能层。

表 1-12　物联网功能层

层次划分	
感知层：	① PC 应用程序：进行数据分析和数据处理
网络层：	② Web 服务器：提供网上信息浏览服务和数据下载服务等
	③ 传感器：将从外界感知到的各种信号转换成电信号
	④ 路由器：是连接两个或多个网络的硬件设备，进行路径选择和数据转发
	⑤ 云平台：基于硬件资源和软件资源的服务，提供计算、网络和存储能力
应用层：	⑥ 串口服务器：提供串口转网络功能，能够将 RS-232/485/422 串口转换成 TCP/IP 网络接口，实现 RS-232/485/422 串口与 TCP/IP 网络接口的数据双向透明传输
	⑦ 采集器：包含传感器接口和 RS-485 串口，实现数据接收和数据传输

技能达标

1. 图 1-26 是一款手机 App 门禁通道系统，请根据示意图列举该系统中使用了哪些设备，讲述该系统中各设备之间的关系及工作流程。

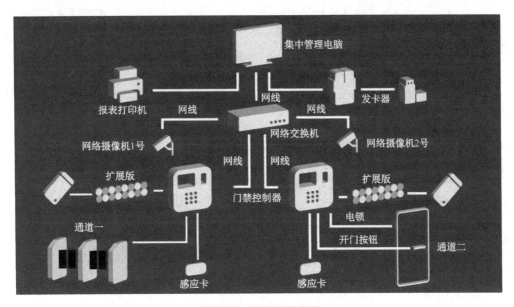

图 1-26 门禁通道系统

2. 了解下列生活中的物联网应用案例，绘制相应的工作流程图。

（1）智能照明系统。

（2）人脸识别出入校门系统。

3. 如图 1-27 所示，了解智能手机中配备了哪些传感器，实现了哪些物联网应用。

4.（选做）操作实训室中物联网应用场景展示平台的实验设备，进行智能家居场景演示，并讲述其工作过程。

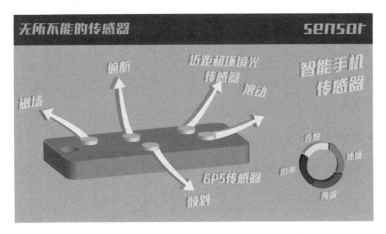

图 1-27 智能手机中的传感器

核心素养

1. 物联网让所有具有独立功能的普通物体实现互联互通，物联网的核心和基础依然是_____。

    A．电信网　　　　B．互联网　　　　C．计算机技术　　　D．RFID

2. 物联网的基本特征可概括为_____、_____和_____。

3. 分析天气预报系统用到了哪些技术，涉及哪些学科知识？将你认为可能的选项勾选出来。

  ❏传感器技术　　❏RFID 技术　　❏数据采集与处理　　❏计算机网络技术

  ❏网络组建　　　❏网站建设　　　❏C#语言开发　　　❏Java 程序设计

  ❏数据库　　　　❏单片机开发　　❏云计算

4. 查阅资料了解"特洛伊咖啡壶"的故事，讲述物联网的发展。

创新实践

1. 你的周围有没有物联网应用？比如快递的收发，请分享一下这一应用的工作过程和特点。

2. 查阅关于传感器的资料，列举不同类型的传感器及其在生活中的应用。

3. 结合物联网万物互联的目标和全面系统的架构特点，尝试将手机和家里的电视、空调等电器进行关联，将家居部署设计为一个互联的系统，让家庭生活更智能、更便捷、更舒适，分享你的成果或创意。

学习评价

填写本任务学习评价表，如表 1-13 所示。

表 1-13　学习评价表

自我评价（25分）		小组评价（25分）		教师评价（50分）	
明确任务目标（5分）		出勤与课堂纪律（5分）		态度端正，积极主动参与（10分）	
能够跟进课堂节奏，完成相应练习（10分）		善于合作与分享，负责任有担当（10分）		能够理解和接受新知识（10分）	
				能够独立完成基本技能操作（15分）	
了解重点知识，能够系统的掌握单元知识（10分）		讨论切题，交流有效，学习能力强（10分）		善于用联系的和系统的思想分析问题（10分）	
				能够联系实际，有创新思维（5分）	
合计得分		合计得分		合计得分	
本人签字		组长签字		教师签字	

第 2 单元

感 知 万 物

和传统的互联网相比，物联网有其鲜明的特征。它首先是各种感知技术的广泛应用。物联网上部署了各种类型的传感器，如图 2-1 所示，每个传感器都是一个信息源，不同类型的传感器所捕获的信息内容和信息格式不同。传感器按一定的频率，周期性地采集环境信息，不断更新数据，使获得的数据具有实时性。

感知技术的应用在现实生活中随处可见。例如，自动门通过监测人体的红外波来开关门；烟雾报警器利用烟敏电阻来测量烟雾浓度；条形码技术和 RFID 技术使得物联网感知万物成为现实。

本单元将介绍几种具有代表性的传感器的使用，以及条形码技术和 RFID 技术。

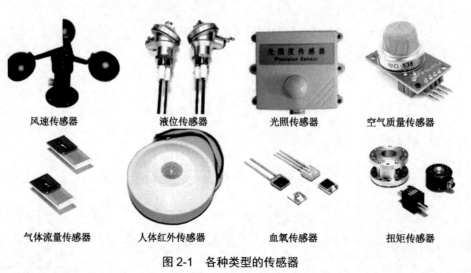

| 风速传感器 | 液位传感器 | 光照传感器 | 空气质量传感器 |

| 气体流量传感器 | 人体红外传感器 | 血氧传感器 | 扭矩传感器 |

图 2-1　各种类型的传感器

单元目标

（1）认识各种传感器并了解其功能和工作原理。

（2）能够正确选用传感器并能正确安装、安全接线，强调安全意识。

（3）理解电磁继电器的工作原理和使用方法。

（4）能够利用电磁继电器连接传感器和执行器，实现简单的自动化。

（5）理解条形码技术和 RFID 技术原理，强化诚信意识。

（6）理解感知万物的本质，树立尊重科学敬畏生命的意识。

（7）掌握继电器安装接线细节，培养严谨细致的工匠精神。

内容列表

第 2 单元内容如表 2-1 所示。

表 2-1　第 2 单元内容

内容	知识点	设备	资源
任务卡 2.1	人体红外传感器组成与原理、安装与接线	人体红外传感器、火焰传感器、数字万用表、工具与耗材	习题参考答案
任务卡 2.2	温湿度传感器原理、功能测试、安装与接线	温湿度传感器等模拟量传感器、数字万用表、工具与耗材	习题参考答案
任务卡 2.3	电磁继电器的工作原理和应用	电磁继电器、风扇	习题参考答案
任务卡 2.4	利用人体红外传感器、电磁继电器、LED 实现自动化照明	人体红外传感器、电磁继电器、LED、工具与耗材	习题参考答案
任务卡 2.5	条形码的概念、分类与应用	条形码 / 二维码生成工具软件	习题参考答案
任务卡 2.6	了解小票打印机和条形码扫描枪的使用	小票打印机和条形码扫描枪	习题参考答案
任务卡 2.7	超高频读写器及其工作方式，RFID 技术。	超高频读写器 / RFID 标签	习题参考答案
任务卡 2.8	单元贯穿检测	根据检测题目准备设备	习题参考答案

单元评价

请填写第 2 单元学习评价表，如表 2-2 所示。

表2-2 第2单元学习评价表

任务清单	自我评价（25分）	小组评价（25分）	教师评价（50分）	任务总评价（100分）
任务卡 2.1				
任务卡 2.2				
任务卡 2.3				
任务卡 2.4				
任务卡 2.5				
任务卡 2.6				
任务卡 2.7				
任务卡 2.8				
平均得分	$S_1=$	$S_2=$	$S_3=$	$S=$
请根据任务总评价平均得分确定单元评价等级 A（$S\geq90$） B（$80\leq S<90$） C（$60\leq S<80$） D（$S<60$）				

任务卡 2.1 为你所动——人体红外传感器

传感器技术的发展必将促进物联网应用领域的进一步扩展。作为感知层设备，传感器在物联网系统中具有重要的作用，是物联网系统数据的重要入口。物联网需通过传感器去感知周边物体和物理环境，为物联网应用层的数据分析提供依据。

任务提出 1

当你走过一个智能化的楼道时，是不是存在这样有意思的现象：每一盏灯都会在你经过的时候亮起，稍后又在你身后依次灭掉，似乎所有的灯都是专门为你点亮的，难道它们能感知到你的存在吗？是的，它们的确能感知到你的存在，并为你开启照明。

自动照明灯能在你经过的时候亮起，要归功于自动照明系统里面的人体红外传感器。本任务我们来研究人体红外传感器的工作原理和安装应用。

问题1：能够感知到人体的传感器是什么样子的？

问题2：怎样安装并使用人体红外传感器？

拓展问题：人体红外传感器的工作原理是什么？

⏰ 任务目标 **1**

（1）能够讲述人体红外传感器的工作原理。

（2）能够正确安装人体红外传感器并正确接线。

（3）会测试人体红外传感器的功能。

🖥 任务实施 **1**

1. 看图认识传感器

（1）根据图 2-2 认识人体红外传感器。

图 2-2　人体红外传感器

（2）扫描二维码 2-1 观看视频，了解人体红外传感器的特点。

二维码 2-1　人体红外传感器简介

2. 人体红外传感器的结构

（1）观察传感器设备标注。

各小组领取人体红外传感器，观察其外观特点，仔细查看人体红外传感器外壳背板上有哪些标注，讨论从这些标注中能获得什么样的信息，并记录在表 2-3 中。

表2-3　人体红外传感器标注

标注	作用	标注	作用	标注	作用

（2）将人体红外传感器外壳拆开，观察其内部电路板的正、反面构造，如图 2-3 所示。

图2-3　人体红外传感器内部结构

思考：图2-3中的两个旋钮的作用是什么？在表2-4中写下你的观点。

表2-4　人体红外传感器旋钮功能

旋钮 1	
旋钮 2	

3．人体红外传感器的安装与接线

（1）先将人体红外传感器底座用螺丝固定在工位上，再将人体红外传感器卡入底座。

（2）参照图2-4所示的人体红外传感器的三根外接线，红色线接工位24 V电源正极（红色接线端），黑色线接工位24 V电源负极（黑色接线端），黄色线为信号输出线，暂时悬空。

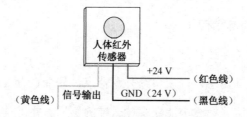

图2-4　人体红外传感器的接线示意图

（3）为工位接通电源，观察人体红外传感器通电现象并记录在表2-5中。

表 2-5　人体红外传感器通电现象

人体红外传感器接通电源后的现象	

4．人体红外传感器功能测试

（1）将万用表调到直流电压挡，万用表红色表笔接人体红外传感器的黄色信号输出线，黑色表笔接工位 24 V 电源负极，此时万用表的示数即测得的人体红外传感器信号线（黄色线）与 DC 负极之间的电压值。万用表测量人体红外传感器的功能如图 2-5 所示。

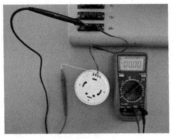

图 2-5　万用表测量人体红外传感器的功能

（2）小组配合遮挡传感器，在表 2-6 中分别记录测量的电压值和人体红外传感器的工作现象。（万用表的使用请参考本任务知识链接内容。）

表 2-6　测量记录

实验记录	是否有声音	输出电压值
有遮挡		
无遮挡		

（3）人体红外传感器输出信号的电压测量步骤可参考视频演示，扫描二维码 2-2 观看。

二维码 2-2　人体红外传感器输出信号的电压测量步骤

5. 探究人体红外传感器的工作原理

（1）根据上述实验现象，讨论分析人体红外传感器的工作过程，并通过反复实验进行验证。

（2）通过上述工作过程的分析，结合知识链接了解人体红外传感器的工作原理。

6. 分组讨论，列举生活中人体红外传感器的应用案例

📖 任务总结 1

1. 总结

人体红外传感器作为感知层设备，利用热释电效应原理对外界红外辐射做出响应，这种响应表现为不同的电压值，进而表达对人体的感知。本任务通过实验了解了人体红外传感器的工作原理，练习了人体红外传感器的安装与测试。人体红外传感器属于数字量类型传感器的代表，读者可以参考本任务知识，自主探究其他数字量传感器的功能、原理及应用。

2. 目标达成测试

（1）简述人体红外传感器的工作原理。

（2）本任务中人体红外传感器的信号输出电压值有_____（1种/2种/多种）情况。

（3）任务中人体红外传感器的工作电压为_____，其信号输出电压为_____或_____。

（4）用 Visio 绘制人体红外传感器的工作流程图。

（5）拓展作业：调查楼道自动照明系统或商场自动门系统是否使用了人体红外传感器类的设备，这类设备的共同特点是什么，分析这些系统的工作原理。

⛰ 能力拓展 1

（1）小组合作研究下列与人体红外传感器工作原理类似的传感器设备，并在表 2-7 中简述它们的共同特点。

表 2-7　简述特点

传感器名称	功能	与人体红外传感器的相同点	与人体红外传感器的不同点
火焰传感器			
烟雾传感器			
红外对射传感器			

（2）用万用表测量烟雾传感器在感应到有烟和无烟时的工作电压是多少，记录在表 2-8 中。

表 2-8　工作电流

测量	有烟时	无烟时
输出电压值		

（3）通过知识链接或其他途径学习烟雾传感器和火焰传感器的工作原理。尝试用 Visio 软件绘制烟雾 / 火焰传感器的内部接线图。

🎓 学习评价 **1**

填写本任务学习评价表，如表 2-9 所示。

表 2-9　学习评价表

自我评价（25 分）		小组评价（25 分）		教师评价（50 分）	
明确任务目标（5 分）		出勤与课堂纪律（5 分）		态度端正，积极主动参与（10 分）	
能够跟进课堂节奏，完成相应练习（10 分）		善于合作与分享，负责任有担当（10 分）		能够理解和接受新知识（10 分）	
				能够独立完成基本技能操作（15 分）	
了解重点知识，能够讲述主要内容（10 分）		讨论切题，交流有效，学习能力强（10 分）		善于思考分析与解决问题（10 分）	
				能够联系实际，有创新思维（5 分）	
合计得分		合计得分		合计得分	
本人签字		组长签字		教师签字	

💡 知识链接 **1**

1. 人体红外传感器

1）简介

人体红外传感器一般指热释电传感器，被广泛应用于防盗报警、来客告知及非接触开关等红外领域。

人们肉眼看得见的光线叫可见光，可见光的波长为 380～750 nm。可见光的波长从短到长依次排序是紫光→蓝光→绿光→黄光→橙光→红光。波长比红光更长的光被称为红外光，也称红外线（红外）。

自然界中任何有温度的物体都会辐射红外线，只不过辐射的红外线波长不同而已。根据实验表明，人体辐射的红外线（能量）波长主要集中在 10 000 nm 左右。根据人体红外线波长的这个特性，如果用一种探测装置能够探测到人体辐射的红外线而去除不需要的其他光波，就能达到监测人体活动信息的目的。因此，就出现了探测人体红外线的产品。人体红外传感器是根据这个原理制作而成的。

人体红外传感器具有体积小、使用方便、工作可靠、监测灵敏、探测角度大、感应距离远等一系列功能，已在各个领域得到了广泛应用。

2）热释电效应

当一些晶体受热时，在晶体两端会产生数量相等而符号相反的电荷。这种由于热变化而产生的电极化现象称为热释电效应。

菲涅耳透镜根据菲涅耳原理制成，菲涅耳透镜分为折射式和反射式两种形式，其作用一是聚焦作用，将热释电红外信号折射（反射）在热释电人体红外传感器（PIR）上；二是将检测区分为若干个明区和暗区，使进入检测区的移动物体能以温度变化的形式在 PIR 上产生变化的热释电红外信号，这样 PIR 就能产生变化的电信号，使 PIR 灵敏度大大增加，如图 2-6 所示。

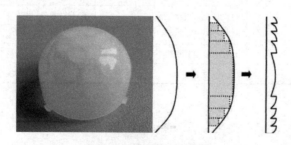

图 2-6　菲涅耳透镜原理

3）工作原理

人体发射的红外线通过菲涅耳透镜增强聚集到红外感应源上，红外感应源通常采用热释电元件，这种元件在接收的人体红外辐射温度发生变化时会失去电荷平衡，向外释放电荷，即热释电，后续电路将释放的电荷经放大器转换为电压输出，经检测处理后即可触发开关动作。人不离开感应范围，开关将持续接通；人离开后或在感应区域内长时间无动作，开关将自动延时关闭负载。

在光线较暗的环境中人体红外传感器能检测到人体移动，当行人进入其感应范围时自动输出信号，离开后自动延时关闭。

4）检测距离与延时调节

（1）距离电位器：旋转距离电位器可以调节检测距离，顺时针旋转，感应距离增大（约 7 m）；反之，感应距离减小（约 3 m）。

（2）延时电位器：旋转延时电位器可以调节时长，顺时针旋转，感应延时加长（约 300 s）；反之，感应延时减短（约 0.5 s）。

2．万用表的使用

万用表又称多用表、三用表、复用表，是一种多功能、多量程的测量仪表，万用表可测量直流电流、直流电压、交流电压、电阻和音频电平等，有的还可以测量交流电流、电容量、电感量及半导体的一些参数，如 β。如今，数字式测量仪表已成为主流，与模拟式测量仪表相比，数字式测量仪表灵敏度高，准确度高，显示清晰，过载能力强，便于携带，使用更简单。

1）数字万用表

数字万用表如图 2-7 所示。

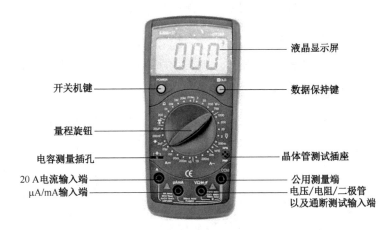

开关机键	液晶显示屏
量程旋钮	数据保持键
电容测量插孔	晶体管测试插座
20 A电流输入端	公用测量端
μA/mA输入端	电压/电阻/二极管以及通断测试输入端

图 2-7　数字万用表

2）万用表的使用

（1）使用前，应认真阅读相关使用说明书，熟悉电源开关、量程开关、插孔、特殊插口的作用。

（2）将电源开关置于 ON 位置。

（3）交直流电压的测量：根据需要将量程开关拨至 DCV（直流）或 ACV（交流）的合适量程，红表笔插入 V/Ω 孔，黑表笔插入 COM 孔，并将表笔与被测电路并联，读数即显示。

（4）交直流电流的测量：将量程开关拨至 DCA（直流）或 ACA（交流）的合适量程，红表笔插入 mA 孔（小于 200 mA 时）或 10 A 孔（大于 200 mA 时），黑表笔插入 COM 孔，并将万用表串联在被测电路中即可。在测量直流电流时，数字万用表能自动显示极性。

（5）电阻的测量：在测量电阻时，红表笔为正极，黑表笔为负极。将量程开关拨至 Ω 的合适量程，红表笔插入 V/Ω 孔，黑表笔插入 COM 孔。

3）使用注意事项

（1）如果无法预先估计被测电压或电流的大小，则应先拨至最高量程挡测量一次，再视情况逐渐把量程减小到合适位置。

（2）满量程时，仪表仅在最高位显示数字"1"，其他位均消失，这时应选择更高的量程。

（3）测量电压时，应将数字万用表与被测电路并联。测电流时应与被测电路串联，测直流量时不必考虑正、负极性。

（4）当误用交流电压挡测量直流电压，或者误用直流电压挡测量交流电压时，显示屏将显示"000"，或低位上的数字出现跳动。

（5）禁止在测量高电压（220 V 以上）或大电流（0.5 A 以上）时换量程，以免产生电弧，烧毁开关触点。

（6）当显示" ""BATT"或"LOW BAT"时，表示电池电压低于工作电压。

3. 火焰传感器

1）概述

利用火焰发出的红外、紫外光探测火灾的传感器称为火焰传感器，包括红外火焰传感器和紫外火焰传感器。JT-GB-ZW-CF6002 型为紫外火焰传感器（以下简称传感器），通过探测物质燃烧所产生的紫外线来探测火灾，适用于火灾发生时易产生明火的场所。当发生火灾时有强烈的火焰辐射或无阴燃阶段的火灾，以及需要对火焰作出快速反应的场所均可采用本传感器。该传感器与其他传感器配合使用，更能及时发现火灾，尽量减少损失。火焰传感器是开关量报警器，如图 2-8 所示。

图 2-8　火焰传感器

2）紫外火焰传感器性能特点

（1）传感器内置单片机，采用智能算法，既可以实现快速报警，又可以降低误报率。

（2）传感器采用电磁继电器型输出方式（常开、常闭可选），可直接控制其他设备。

（3）传感器选用高性能进口紫外光敏管，具有灵敏度高、性能可靠、抗粉尘污染、抗潮湿及抗腐蚀能力强等优点。

3）性能参数

工作电压：额定工作电压为 DC 24 V，工作电压范围为 DC 12 V～DC 30 V。

工作电流：监视电流小于或等于 10 mA，报警电流小于或等于 30 mA。

输出容量：无源常开或常闭（可通过探测器内部 PCB 上 JP1 选定为常开-NO 或常闭-NC）两种可选输出，触点容量 1 A，DC 24 V，亦可调为传统电流型。

输出控制方式：通过探测器内部 PCB 上跳线器（JP2）可设置为自锁（LOCK）和非自锁（UNLOCK）。

指示灯：正常时，大约每隔 5 s 闪亮一次，表示监测状态；报警时，指示灯常亮。

光谱响应范围：180～290 nm。

4）安装指南

在天花板上相距 60 mm 的位置上打两个直径 6 mm 的安装孔，用塑料膨胀管和螺钉固定传感器底座，联网型的传感器连接电源线和输出线。将传感器按正确方向扣在底座上，压下后顺时针方向旋紧。

直流电源 DC 12～30 V（无极性）电磁继电器无源触点输出，默认常闭输出（常开或常闭可设置）。

5）设备不宜应用场所

可能发生无焰火灾的场所；在火焰出现前会出现浓烟遮挡传感器的场所；有阳光直接或间接照射传感器的场所；进行电焊等作业过程中会出现弧光等光线的场所。

4．烟雾传感器

1）产品特点

烟雾传感器又称烟雾探测器、烟感探测器，采用离子型传感器，灵敏度高，寿命长，功耗低。内置的微电脑采用模糊智能控制，故障自检，防止漏报误报，性能稳定可靠。当监测到烟雾浓度超标时，立即发出声光报警，并输出脉冲电平信号、电磁继电器常开或常闭信号。其用于联网报警，增配电话报警器后可实现远程电话报警，如图 2-9 所示。

图 2-9　烟雾传感器

2）技术性能

（1）报警方式：当监测到烟雾浓度超标时，立即发出声光报警，并输出脉冲电平信号、电磁继电器常开或常闭信号。

（2）灵敏度：符合 GB 4715—2005 标准。

（3）报警音量：≤90 dB。

（4）工作电压：DC 12 V。

（5）工作电流：监控状态 10 μA，报警状态 20 mA。

（6）工作环境：温度-10～+50℃，相对湿度≤95%RH。

（7）指示灯：监控时每 40 s 闪烁一次，报警时每 1 s 闪烁一次。

（8）触点容量：≤1 A。

（9）远程报警：增配电话报警器后可实现远程电话报警。

3）使用方法

（1）打开盒盖接线，电路板上的接线端口从左至右分别为 12 V 电源输入、报警电平输出，电磁继电器常闭输出和电磁继电器常开输出。

（2）将长方形支架板用螺钉固定在工作位置上，再将传感器插入支架板，并顺时针旋紧固定。

（3）按下传感器上的测试键，可模拟报警，检查传感器工作是否正常。

（4）定期用软毛刷清除传感器传感头处的灰尘。注意传感头内有 1 μCi 的放射源，请勿私自拆开维修。

5. 红外对射传感器

1）简介

红外对射传感器全称为主动红外入侵探测器（Active Infrared Intrusion Detector），如图 2-10 所示。基本构造包括发射端、接收端、光束强度指示灯、光学透镜等。侦测原理是利用红外发光二极管发射的红外线，经过光学透镜做聚焦处理，使光线传至很远，最后光线由接收端的光敏晶体管接收。当有物体挡住发射端发射的红外线时，由于接收端无法接收到红外线，将会发出警报。红外线是一种不可见光，而且会扩散，投射出去之后，在起始路径阶段会形成圆锥体光束，随着发射距离的增加，其理想强度与发射距离呈反平方衰减。当物体越过其探测区域时，遮断红外射束而引发警报。传统型主动红外入侵探测器，由于只有两光束、三光束、四光束类型，常用于室外围墙报警。

2）光束红外对射报警器

（1）探测距离：最佳安装高度应大于 20 m，安装距离应不小于 2 m，安装时应使红外装置垂直放置，并在同一条水平线上。安装时应先安装接收部分，再安装发射部分，当在同一直线上时，接收器中的 OFF 灯为熄灭状态，然后固定，把线接好即安装完成。

（2）工作电压：DC 12～24 V。

（3）输出信号：遮断光束输出开关信号，常开、常闭可选。

（4）应用：兼容门禁、道闸门、平移门等。

例如：将红外对射传感器分别在门窗两边安装，与报警器相连，当有人通过红外线区域时，探测器被触发，把信号传给报警器，报警器就会报警。

3）安装注意

（1）将红外对射传感器设置在通道上，其主要作用是防止非法闯入。红外对射传感器探头与地面保持一定距离，防止误报。

（2）遮光时间应调整到较快位置，能在第一时间对非法入侵做出反应。

（3）当配线接好后，请用万用表的电阻挡测试探头的电源端①、②端口，确定没有短路故障后方可接通电源进行调试。

（4）电源按正负极性接入，可以把所有的有线传感器报警输出部分看成一个开关，一般有 3 个接线端口 COM（公共）/NC（常闭）/NO（常开），常用的是 COM 和 NC，接报警主机的报警输入端。如果报警主机有防破坏线尾电阻，线尾电阻一定要接在传感器上，不要接在主机一端，否则会失去防破坏功能。

图 2-10　红外对射传感器

任务卡 2.2　冷暖自知——温湿度传感器

2020 年初，一场突如其来的疫情席卷全球。在疫情防控工作中，根据《中华人民共和国传染病防治法》等法律规定，全国各地纷纷开展全民测温工作，共同构筑抗疫第一防线。我们每个人也都积极配合，树立尊重科学、敬畏生命的意识，常怀使命感和责任感，自觉防控，与亲人与朋友与祖国一同抗疫防疫，保护美好生活。

任务提出 2

不仅是特殊情况的人体测温，生活中很多场合也需要实时测温，如空调、某些生产车间、天气预报等很多地方需要对温度实施监控。前面的任务中我们认识和学习了人体红外传感器的工作原理和使用方法。本任务中我们将认识另一种传感器——温湿度传感器，学习温湿度传感器的功能原理与应用。

问题 1：除了人体红外传感器，大家还认识哪种传感器？

问题 2：天气预报中的温度、湿度、风速等数据是怎么得来的？

问题 3：温湿度传感器是怎样设计又是怎样使用的？

拓展问题：如何准确选用满足需求的传感器？各种传感器的特点有何相似处和不同处？

任务目标 2

（1）能够讲述温湿度传感器的工作原理。

（2）能够正确安装温湿度传感器并正确接线。

（3）会测试温湿度传感器的功能。

（4）了解传感器对人类生活的影响，树立尊重科学敬畏生命的意识。

任务实施 2

1. 看图认识传感器

如图 2-11 所示，认识实训用温湿度传感器。

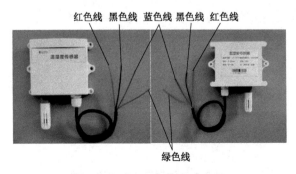

图 2-11 实训用温湿度传感器

2. 温湿度传感器的安装

1）观察设备标注

领取温湿度传感器，观察温湿度传感器正反面，仔细观察背板上的标注（传感器通常配有专门的说明书或贴有说明标签），小组就以下内容配合做相关记录。

温湿度传感器的工作电压是_____。

温湿度传感器共有_____根外接导线。

其中：

红色线为电源线，需要接_____。

黑色线为电源线，需要接_____。

绿色线为_____信号输出线。

蓝色线为_____信号输出线。

2）安装与接线

用 M4×16 十字盘头螺丝将温湿度传感器安装到工位上，如图 2-12 所示，注意，工位背面安装螺丝时要加装垫片。

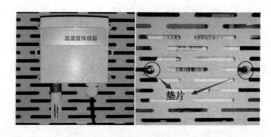

图 2-12　温湿度传感器安装图

参考图 2-13，将红色线连接到工位的 24 V 电源正极，黑色线连接到工位的 24 V 电源负极，绿色湿度信号输出线和蓝色温度信号输出线悬空。

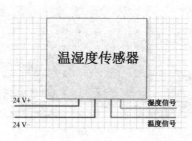

图 2-13　温湿度传感器接线图

3．温湿度传感器的功能检测

1）电源信号短路检测

使用数字万用表欧姆挡检测温湿度传感器电源端和信号端之间是否存在短路现象。数字万用表选用 2M 挡，测量温湿度传感器电源端和信号端之间的电阻值，如果阻值很小（约几欧），则说明线路出现短路现象，该设备需要检修（万用表的使用请参考任务卡 2.1 的知识链接）。

2）信号输出功能测量

为温湿度传感器接通电源，用数字万用表直流 20 mA 挡进行测量。将万用表黑表笔接入工位的 24 V 电源负极，红表笔搭接温湿度传感器的温度信号线，测出在室温为 20℃ 的情况下，温度信号线的输出电流值约为 12 mA。黑表笔不动，将红表笔搭接温湿度传感器的湿度信号线，测出室温为 20℃ 的情况下湿度为 45.8% 时，湿度信号线的输出电流值约为 11 mA。不同室温和湿度对应的测量结果不同，只要测量结果在测量范围内表示设备功能完好即可。温湿度传感器测量接线参考图如图 2-14 所示。

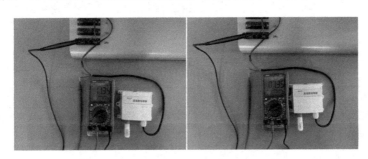

图 2-14　温湿度传感器测量接线参考图

4．分析温湿度信号特点

（1）尝试改变室内温度，多次测量温湿度传感器温湿度信号线的输出电流值，记录在表 2-10 中，观察所测数值的变化规律。

表 2-10　温湿度信号线的输出电流值测量

测量	室内温度	温度信号电流	室内湿度	湿度信号电流
第一次测量	20℃	12 mA	45.8%	11.35 mA
第二次测量				
第三次测量				

（2）扫描二维码 2-3 观看视频，了解使用万用表测量温湿度传感器输出信号的过程。

二维码 2-3　万用表测量温湿度传感器输出信号

（3）根据上述测试，分析温湿度传感器温湿度信号线的输出电流与温度值之间的关系，并尝试推导出计算公式。（提示：设温湿度传感器的温度量程为-40～+80℃，输出电流范围为 4～20 mA，湿度量程为 0～100%，计算公式请参考知识链接。）

5. 模拟量传感器与开关量传感器

（1）回顾人体红外传感器输出信号的变化特点：有遮挡时输出为 24 V，无遮挡时输出为 0 V。

（2）各小组将人体红外传感器输出电压值的变化和温湿度传感器输出电流值的变化进行对比，讨论分析人体红外传感器与温湿度传感器输出信号的特点有何不同，在表 2-11 中进行选择。

表 2-11　两种传感器信号比较

传感器	信号特点		
温湿度传感器	信号具有连续性	信号具有离散性	信号有（两种/多种）状态
人体红外传感器	信号具有连续性	信号具有离散性	信号有（两种/多种）状态

（3）自主学习本任务的知识链接内容，了解传感器的分类和作用，能够区分模拟量传感器和开关量传感器。了解生活中哪些场合使用了传感器。小组讨论传感器在物联网行业的地位和对人类生活的影响。

📖 任务总结 2

1. 总结

本任务介绍了温湿度传感器的安装和使用，传感器根据输出信号特点分为模拟量传感器和开关量传感器。本任务重点要求能够区分模拟量信号和开关量信号，能根据温湿度传感器信号输出电流计算出对应的温度值。

2. 目标达成测试

（1）通过对本任务的学习，简述温湿度传感器的工作原理。

（2）本任务使用的温湿度传感器的工作电压为_____，温度量程为_____，输出电流范围为_____。

（3）简述本任务使用的温湿度传感器的4根导线的作用。

红色线：_____。

黑色线：_____。

绿色线：_____。

蓝色线：_____。

（4）拓展作业：为温湿度传感器接通电源，用数字万用表直流20 mA挡进行测量。若测得温湿度传感器的温度信号线输出电流为 10 mA，试计算此值对应的温度值为多少？并利用其他测温器进行验证（量程为4～20 mA，测量范围为-40～+80℃）。

📖 能力拓展 2

（1）参照本任务中温湿度传感器温度信号线输出电流与温度数值的对应关系，利用万用表，依据测量数据推导出该传感器湿度信号线输出电流与湿度数值的对应关系。根据温湿度传感器的测量量程和输出电流范围，计算当测量湿度信号线的输出电流值为16 mA时，对应的湿度值是多少（湿度信号线输出电流量程为4～20 mA，湿度范围为0～100%RH）。

（2）尝试用测量电压的方式，分析温度信号线输出电压值与温度值的对应关系。（注意：使用万用表的过程中要正确调整测量挡位，避免损坏。可参考知识链接。）

🎓 学习评价 2

填写本任务学习评价表，如表2-12所示。

表 2-12　学习评价表

自我评价（25 分）		小组评价（25 分）		教师评价（50 分）	
明确任务目标（5 分）		出勤与课堂纪律（5 分）		态度端正，积极主动参与（10 分）	
能够跟进课堂节奏，完成相应练习（10 分）		善于合作与分享，负责任有担当（10 分）		能够理解和接受新知识（10 分）	
				能够独立完成基本技能操作（15 分）	
了解重点知识，能够讲述主要内容（10 分）		讨论切题，交流有效，学习能力强（10 分）		善于思考分析与解决问题（10 分）	
				能够联系实际，有创新思维（5 分）	
合计得分		合计得分		合计得分	
本人签字		组长签字		教师签字	

💡 知识链接 2

1. 温湿度传感器

1）什么是温湿度传感器

通过温湿度传感器的检测装置测量到空气中的温湿度后，按一定的规律变换成电信号或其他所需形式的信息进行输出，用以满足用户需求。温湿度传感器多以温湿度一体式的探头作为测温元件，将温度和湿度信号采集出来，经过稳压滤波、运算放大、非线性校正、V/I 转换、恒流及反向保护等电路处理后，转换成与温度和湿度呈线性关系的电流信号或电压信号输出，也可以直接通过主控芯片进行 RS-485 或 RS-232 等接口输出。

温湿度传感器是一种装有湿敏和热敏元件，能够用来测量温度和湿度的传感器装置，有的带有现场显示，有的不带现场显示。温湿度传感器由于体积小，性能稳定等特点，被广泛地应用在生产生活的各个领域，如图 2-15 所示。

图 2-15　温湿度传感器

2）本任务温湿度传感器的特点

防护等级为 IP65，信号输出稳定，带载能力强，防雨，可用于室外场合。

该传感器为壁挂高防护等级外壳，防护等级 IP65，防雨雪且透气性好。电路采用美国进口工业级微处理器芯片，进口高精度温度传感器，确保产品优异的可靠性、高精度和互换性。

探头内置、外置可根据实际需求选择。输出信号类型分为 4～20 mA/0～5 V/0～10 V 等。

3）电流型输出信号转换计算

例如，温度量程在-40～+80℃时，输出电流为 4～20 mA，当输出信号为 12 mA 时，计算当前温度值。此温度量程的跨度为 120℃，用 16 mA 电流信号来表达，120/16=7.5℃/mA，即电流 1 mA 代表温度变化 7.5℃。测量值 12-4=8 mA，8×7.5=60℃，60+(-40)=20℃，当前温度为 20℃。

公式为：（测量电流值-4 mA）×（温度量程的跨度/输出电流跨度差）+（最低温度量程）

4）电压型输出信号转换计算

例如，温度量程为-40～+80℃，0～10 V 输出，当输出信号为 5 V 时，计算当前温度值。此温度量程的跨度为 120℃，用 10 V 电压信号来表达，120/10=12℃/V，即电压 1 V 代表温度变化 12℃。测量值 5-0=5 V，5×12=60℃，60+(-40)=20℃，当前温度为 20℃。

5）温湿度传感器的选型要点

原理分析：温湿度传感器是检测温度和湿度的传感器，通常所说的湿度指的是相对湿度，既当前温度下的绝对湿度与当前温度下的饱和湿度之比，称为相对湿度。由此可见湿度的测量离不开温度，若温度测量有误差会影响到湿度。由此在选择温湿度传感器时尤其应重视传感器的温度测量精度。

关于凝露：当湿度达到 100%时会发生凝露，凝露是自然现象无法阻止。凝露会产生水滴附着在传感器电路板上，电路板上有电流流过时会发生电泳，将腐蚀电路板造成传感器损坏。所以在高湿度场合选择温湿度传感器必须选择具有防水功能的，检测方法很简单，将传感器带电放入水中浸泡，模拟凝露环境，浸泡 24 小时后拿出晾干，若传感器正常工作，说明此传感器是防水的。

关于精度：很多人喜欢用干湿球测量湿度，其实干湿球的误差是比较大的，大约为 5～7%RH。随着电子技术的发展，电子式温湿度传感器精度可达 3%RH，高精度的可达 1%RH。

2．人体测温摄像机技术

自然界中除了人眼看得见的光（通常称为可见光），还有紫外线、红外线等非可见光。自然界中温度高于绝对零度（-273℃）的任何物体，随时都在向外辐射电磁波（红外线），因此红外线是自然界中存在最广泛的电磁波，并且热红外线不会被大气烟云所吸收。随着科技的进步，利用红外线这一特性，将应用电子技术和计算机软件与红外线技术进行结合，可以用来检测热辐射。物体表面对外辐射热量的大小，经热敏感传感器获取不同热量差，通过电子技术和软件技术的处理，呈现出明暗或色差各不相同的图像，也就是我们常说的红外线热成像。将辐射源表面热量通过热辐射算法运算转换后，实现了热成像与温度之间的换算。

人体测温摄像机技术的核心是红外线热成像加可见光图像的双光谱成像摄像机，将双光谱成像摄像机安装在进出通道，让镜头直视通道的卡口位置（注明：精确测温必须在被检测点位配置一个黑体仪，用作被检人员的温度参考校正），测温摄像机对迎面过卡口人流的面部、额头等身体外露部分进行在线实时测温。当检测到的温度大于设定温度时（如 37.3℃），即出现疑似发热人员，系统将马上锁定最高温的人员并报警提醒值守人员，按预案进行处置。

测温系统在实际使用中，因为没有搭建合理的测温区域，受到如空调直吹、太阳直射、镜面反光等环境的影响，可能导致温度跳变而报警。或者在划区域检测中，背景中有人员手持烟头、热水杯、聚热物件等发热物件，可能导致报警。实际使用过程中一定注意排查该类误报问题。

测温系统在使用中，特别是移动式测温仪，自带一个系统校正模块，正常情况下，测温仪自动校正可以弥补此类问题，但使用过程中环境频繁变化，可导致同一个目标出现不同的测温结果，如果条件允许，可以采用体温枪进行二次检测，以判定测温仪是否有较大误差。在测温仪系统没有再次启动自动校正前，可以手动断电重启。

3．二氧化碳传感器

1）应用

二氧化碳传感器被广泛应用于写字楼、公共场所、温室大棚、厂房、酒店宴会厅、实验室、酿酒厂、净化间、培养箱、安全报警、泄漏监测等需要良好通风的恶劣环境中。由此可见，二氧化碳传感器拥有广阔的应用前景。

2）原理

市场上常用的二氧化碳传感器主要有两种，一种是固态电解质的，另一种是红外原理的。其中固态电解质二氧化碳传感器原理是指气敏材料在通过气体时产生离子，从而形成电动势，通过测量电动势从而测量气体浓度，由于这种传感器电导率具有高灵敏度，且选择特性较好，因而得到广泛应用。红外二氧化碳传感器原理是根据二氧化碳对特定波段红外辐射的吸收作用，使透过测量室的辐射能量减弱，减弱的程度取决于被测气体中的二氧化碳含量。二氧化碳传感器如图 2-16 所示。

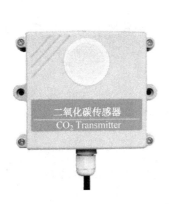

直流供电（默认）		DC10～30 V
最大功耗	电流输出	1.2 W
	电压输出	1.2 W
精度	二氧化碳浓度	±（40 ppm+3%F·S）（25℃）
工作温度		−20℃～+60℃，0～80%RH
长期稳定性		≤30 ppm/a
响应时间		≤10 s（1 m/s 风速）
预热时间		2 min（可用）、10 min（最大精度）
输出信号	电流输出	4～20 mA
	电压输出	0～5 V/0～10 V
负载能力	电压输出	输出电阻<250 Ω
	电流输出	<600 Ω

图 2-16　二氧化碳传感器

3）分类

红外二氧化碳传感器利用非色散红外（NDIR）原理对空气中存在的二氧化碳进行探测，具有良好的选择性，无氧气依赖性，广泛应用于存在可燃性、爆炸性气体的各种场合。

催化二氧化碳传感器是将现场检测到的二氧化碳浓度转换成标准 4～20 mA 电流信号输出，广泛应用于石油、化工、冶金、炼化、燃气输配、生化医药及水处理等行业。

热传导二氧化碳传感器是根据混合气体的总导热系数随待分析气体含量的不同而改变的原理制成的，由检测元件和补偿元件配对组成电桥的两个臂，遇可燃性气体时检测元件电阻变小，遇非可燃性气体时检测元件电阻变大（空气背景），桥路输出电压变量，该电压变量随气体浓度增大而增大，补偿元件起温度补偿作用，主要用于民用、工业现场的天然气、液化气、煤气、烷类等可燃性气体及汽油、醇、酮、苯等有机溶剂蒸气的浓度检测。

4）应用实例

二氧化碳是绿色植物进行光合作用的原料之一，作物干重的95%来源于光合作用。因此，使用二氧化碳传感器控制浓度也就成为影响作物产量的重要因素。塑料大棚栽培使作物长期处于相对密闭的场所中，棚内二氧化碳浓度一天之内的变化很大，日出前达到最大值1000~1200 ppm，日出后2.5~3 h降为100 ppm左右，仅为大气浓度的30%左右，而且一直维持到午后2 h才开始回升，到下午4 h左右恢复到大气水平。蔬菜所需二氧化碳浓度一般为1000~1500 ppm，因此，塑料大棚内二氧化碳亏缺相当严重，影响塑料大棚蔬菜的产量。在塑料大棚中安装二氧化碳传感器可以保证在二氧化碳浓度不足的情况下及时报警，从而使用气肥。保证蔬菜、食用菌、鲜花、中药等作物提早上市、高质高产。

5）二氧化碳传感器的安装与布线

步骤1：用M4×16十字盘头螺丝将二氧化碳传感器安装到工位上，注意在设备背面加不锈钢垫片（M4×10×1）。

步骤2：将二氧化碳传感器的红、黑色线接工位两侧的DC 24 V电源端口，用万用表测试二氧化碳传感器电源端线路连接情况。

步骤3：将二氧化碳传感器的信号线（蓝色线）连接到模拟量采集器ADAM-4017模块的Vin+端口，对应的Vin-连接到DC 24 V电源的接地端。

任务卡 2.3 　神"器"十足——电磁继电器

2020年11月24日4时30分，搭载着嫦娥五号探测器的长征五号遥五运载火箭在我国文昌航天发射场点火升空。火箭飞行约2185 s后，探测器与火箭成功分离，进入预定轨道，发射取得圆满成功。自 2004 年中国正式开展月球探测工程以来，探月工程不断取得突破，从"嫦娥一号"到"嫦娥五号"，我们见证着中国航天事业的每一点进步。

在探测器进行月球表面样品采集和封装等各项工作中，自动化技术发挥了巨大的作用，使得很多工作能够在无人条件下通过设备自主完成。

🔭 任务提出 3

电磁继电器是具有隔离功能的自动开关元件，广泛应用于遥控、遥测、通信、自动控制、机电一体化及电力电子设备中，是最重要的控制元件之一。可以说是用小电流去控制大电流运作而实现自动化的小小"神器"。本任务我们一起来探究这种"神器"的工作原理和应用。

问题 1：什么是电磁继电器？电磁继电器的结构是什么？

问题 2：电磁继电器是怎么工作的？其工作原理是什么？

拓展问题：电磁继电器与自动化有什么关系？

⏰ 任务目标 3

（1）了解电磁继电器的组成和作用。

（2）能够理解并掌握电磁继电器的工作原理。

（3）把握继电器安装接线细节，培养严谨细致的工匠精神。

🖥 任务实施 3

1. 看图认识电磁继电器

（1）根据图片认识电磁继电器，如图 2-17 所示。

图 2-17　电磁继电器

（2）扫描二维码 2-4 观看视频，了解电磁继电器的特点和组成。

二维码 2-4　电磁继电器简介

2．电磁继电器的结构

（1）各小组领取实训用电磁继电器设备，结合图 2-18 电磁继电器结构图，仔细观察实训用电磁继电器的组成。

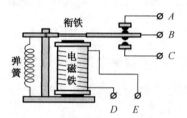

图 2-18　电磁继电器结构图

从表 2-13 中勾选出电磁继电器包含的组成部分。

表 2-13　电磁继电器组成

弹簧　　（　）	线圈　　（　）	铁芯　　（　）
衔铁　　（　）	动触点　（　）	静触点　（　）
保护罩　（　）	接线端口（　）	底座　　（　）

（2）本任务中实训用电磁继电器各接线端口对应的功能如图 2-19 所示。

①、②：常闭端（接负载设备 B 的正、负极）；

③、④：常开端（接负载设备 A 的正、负极）；

⑤、⑥：com 端（接负载设备的工作电源）；

⑦：线圈正极端（接线圈电流信号正）；

⑧：线圈负极端（接线圈电流信号负）。

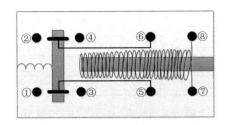

图 2-19　电磁继电器接线端口

3．电磁继电器的安装与接线

（1）用 M4×16 十字盘头螺丝将电磁继电器金属底座——凹形铝条安装到工位上。

（2）将电磁继电器卡入铝条底座，调整到合适的位置，如图 2-20 所示。

图 2-20　电磁继电器的安装

（3）参照图 2-21 电磁继电器的接线示意图进行接线。

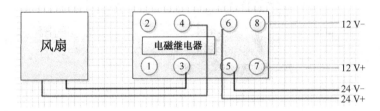

图 2-21　电磁继电器的接线示意图

4．探究电磁继电器的工作原理

（1）接线完成后，检查线路没问题，开启工位电源。此时风扇如果转动，说明实验装置连接正确，功能正常；否则，需检查连接，排除故障，直至实验设备能正常工作。

（2）小组配合操作，将⑦端口的电源接线端从工位上断开，再接通，观察实验装置的工作现象，将工作现象记录在表 2-14 中。

表 2-14　工作现象记录

⑦端口的电源接线端	电磁继电器指示灯	衔铁位置	弹簧动作声音	风扇状态
接通				
断开				

（3）实验过程分析：在实验过程描述中，从括号里选择每一步对应的状态。

将⑦端口与⑧端口间的电源断开，则电磁继电器线圈内（有/没有）电流流过，线圈（产生/不产生）磁性，衔铁（被弹簧拉回/被线圈磁性吸引），③端口和④端口与对应触点（接触/分离），风扇的工作电路（闭合/断开），风扇（转动/停止转动）。

⑦端口与⑧端口间电源接通，线圈内（有/没有）电流，线圈（产生/不产生）磁性，衔铁（被弹簧拉回/被线圈磁性吸引），③端口和④端口与对应触点（接触/分离），风扇的工作电路（闭合/断开），风扇（转动/停止转动）。

（4）原理分析：电磁继电器利用了电磁铁原理，用一个电路控制另一个电路，前一个电路称为控制电路，后一个电路称为工作电路。对于工作电路，电磁继电器起到了开关的作用，如图 2-22 所示。

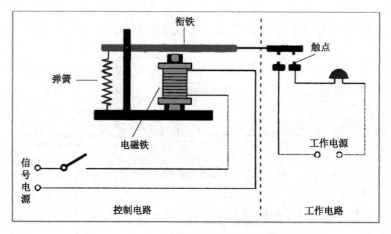

图 2-22　电磁继电器的工作原理图

5. 电磁继电器在生活中的应用

图 2-23 和图 2-24 分别是温控报警器和水位报警装置结构图，小组内分别讨论两个装置的组成和工作过程，并分析工作原理。

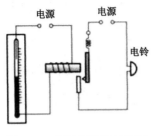

图 2-23 温控报警器结构图

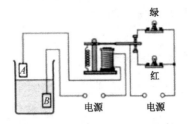

图 2-24 水位报警装置结构图

📖 任务总结 ❸

1. 总结

本任务探究了电磁继电器的工作过程和工作原理。通过实际操作步骤讲解介绍了电磁继电器的安装、接线和应用设计。电磁继电器在物联网系统中应用广泛，掌握了电磁继电器的技术原理，有助于轻松进行各种自动化应用系统的设计与开发。

2. 目标达成测试

（1）电磁继电器的主要部件包含_____。

（2）电磁继电器又称_____，它是用（较小/较大）电流或电压的电路去控制（较小/较大）电流或电压电路的一种"自动开关"。

（3）借助图 2-25 所示的电磁继电器装置讲解电磁继电器的工作原理。

（4）尝试简述图 2-26 电铃装置的工作过程。

（5）列举生活中电磁继电器的应用还有哪些？

（6）拓展作业：利用电磁继电器进行创新设计，尝试选择合适的电源和负载连接到电磁继电器的工作电路中，并使之工作。小组间进行演示交流，谈谈本小组的设计在实际应用中有什么意义。

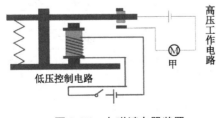

图 2-25 电磁继电器装置

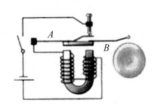

图 2-26 电铃装置

能力拓展 3

在智能家居系统中，为了保证厨房用气安全，要求进行煤气泄漏监测，一旦有煤气泄漏，便会自动开启通风装置和报警装置。请根据上述要求，利用电磁继电器的特点设计一套应用装置，以实现实际生活中的煤气泄漏监测报警功能。

（1）列出选用设备（可用功能类似的实验设备代替）。

（2）绘制设备接线图。

（3）讲解设计思路和装置工作过程。

学习评价 3

请填写本任务学习评价表，如表 2-15 所示。

表 2-15　学习评价表

自我评价（25 分）		小组评价（25 分）		教师评价（50 分）	
明确任务目标（5 分）		出勤与课堂纪律（5 分）		态度端正，积极主动参与（10 分）	
能够跟进课堂节奏，完成相应练习（10 分）		善于合作与分享，负责任有担当（10 分）		能够理解和接受新知识（10 分）	
				能够独立完成基本技能操作（15 分）	
了解重点知识，能够讲述主要内容（10 分）		讨论切题，交流有效，学习能力强（10 分）		善于思考分析与解决问题（10 分）	
				能够联系实际，有创新思维（5 分）	
合计得分		合计得分		合计得分	
本人签字		组长签字		教师签字	

知识链接 **3**

1. 电磁继电器简介

电磁继电器常用于继电保护与自动控制系统中，以增加触点的数量及容量，还被用于在控制电路中传递中间信号。电磁继电器是利用电磁铁控制工作电路通断的电子控制器件，具有控制系统（又称输入回路）和被控制系统（又称输出回路），通常应用于自动控制电路中。它实际上是用较小的电流、较低的电压去控制较大电流、较高的电压的一种"自动开关"，故在电路中起着自动调节、安全保护、转换电路等作用。

2. 电磁继电器的组成

（1）常见的电磁继电器一般由固定铁芯、动铁芯、弹簧、动触点、静触点、线圈、接线端口和外壳组成。线圈通电，动铁芯在电磁力的作用下吸合，带动动触点运动，使常闭触点分开，常开触点闭合；线圈断电，动铁芯在弹簧的作用下带动动触点复位。

（2）电磁继电器的电路可分为低压控制电路和高压工作电路两部分，低压控制电路包括线圈（电磁铁）、低压电源、开关；高压工作电路包括高压电源、电动机、电磁继电器的触点部分，如图 2-27 所示。

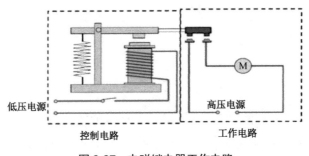

图 2-27 电磁继电器工作电路

3. 工作原理

只要在线圈两端加上一定的电压，线圈中就会流过一定的电流，从而产生电磁效应，衔铁就会在电磁力吸引的作用下克服返回弹簧的拉力吸向铁芯，带动衔铁的动触点与静触点（常开触点）吸合。当线圈断电后，电磁力也随之消失，衔铁就会在弹簧的反作用力下返回原来的位置，使动触点与原来的静触点（常闭触点）释放。这样吸合、释放，从而达到在电路中导通、切断的目的。对于电磁继电器的"常开、常闭"触点，可以这样来区分：电磁继电器线圈未通电时处于断开状态的静触点称为"常开"触点；处于接通状态的静触点称为"常闭"触点。

4．工作过程

闭合低压控制电路中的开关，电流通过电磁铁的线圈产生磁场，从而对衔铁产生引力，使动、静触点接触，工作电路闭合，电动机工作；当断开低压开关时，线圈中的电流消失，衔铁在弹簧的作用下，使动、静触点脱开，工作电路断开，电动机停止工作。

任务卡 2.4　怦然心动——实现照明自动化

信息时代的发展如同人类的进步，永远遵循优胜劣汰的自然法则。科学技术的更新迭代，人类文明的进步变革，都是不断探索、实践与创新的结果。在我们的生活中，越来越多的事物实现了或即将实现自动化、互联化。自动化与物联网密切配合共同促进了信息化时代新阶段的到来。

🔭 任务提出 4

自动化控制方式有很多，如声控、光控、触控及人体红外感应等，这种由单一信号控制的自动化方式逐渐被多种信号综合使用的自动化所代替，使自动化控制更有效化、更人性化。不管是哪种控制方式，其工作原理基本相似。本次任务，我们将利用人体红外传感器和电磁继电器，与照明灯相连，通过人体感应控制照明灯的开关，实现照明自动化。

问题 1：怎样将人体红外传感器、电磁继电器和照明灯准确进行连接？

问题 2：整个自动照明系统的组建过程是怎样的？

拓展问题 1：自动照明系统有何特点？

拓展问题 2：自动照明系统的实现对你有何启发？

⏰ 任务目标 4

（1）能够正确安装任务中使用的设备。

（2）能够正确连接自动照明系统中的 3 个设备：人体红外传感器、电磁继电器、照明灯。

（3）能够讲述感应人体的自动照明系统的组建和工作过程。

（4）理解自动照明系统的意义，分析它与传统照明系统相比的优势。

🖥 任务实施 4

1．领取实训设备

各小组领取本任务所需实训设备：人体红外传感器、电磁继电器、LED 及灯座。参考图 2-28 规划设备在工位上的布局。

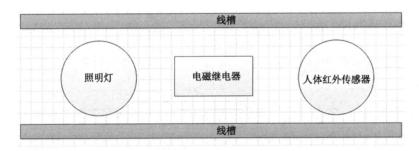

图 2-28　设备布局图

2．安装人体红外传感器

（1）参照任务卡 2.1，检查、检测人体红外传感器的功能，确保设备完好可用。

（2）对照本组设计的布局图，在工位上指定位置安装并固定人体红外传感器。

3．安装电磁继电器

（1）参照任务卡 2.3，检查、检测电磁继电器的功能，确保设备完好可用。

（2）对照本组设计的布局图，在工位上指定位置安装并固定电磁继电器。

4．安装照明灯

（1）检查照明灯及安装底座，确保设备完整可用。

（2）分离灯座面板和底板，将灯座底板用螺丝固定在工位指定位置上。

（3）安装好底板后，需先完成接线，再将灯座面板卡扣在底板上，最后将灯泡安装在灯座上，如图 2-29 所示。

图 2-29　照明灯安装

5. 设备接线

参照表 2-16 设备接口功能表，将设备进行连接，设备接线图如图 2-30 所示。

表 2-16　设备接口功能表

人体红外传感器	黄色线		红色线	黑色线
	信号输出		工作电源正极	工作电源负极
电磁继电器	①、②端口	③、④端口	⑤、⑥端口	⑦、⑧端口
	悬空	负载	负载工作电源	输入（信号）电源
照明灯	"N"		"L"	
	工作电源正极		工作电源负极	

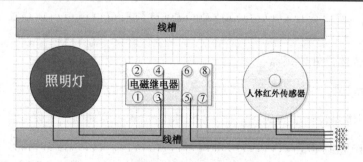

图 2-30　设备接线图

接线说明：

（1）将人体红外传感器黄色信号输出线接电磁继电器的⑧端口。红、黑色电源线分别接工位的 24 V 电源正、负极。

（2）电磁继电器①、②端口悬空，③、④端口接照明灯的 L、N 极，⑤、⑥端口接工位的 12 V 电源正、负极，⑦端口接工位的 24 V 电源负极，⑧端口接人体红外传感器的黄色信号输出线。

6. 调试

（1）给工位通电，观察设备状态。

（2）操作者靠近人体红外传感器，使其状态为有人，观察电磁继电器是否被触发，照明灯是否亮起。

（3）远离人体红外传感器，使其状态为无人，观察照明灯变化。

（4）将上述调试信息填写到表 2-17 中。

表 2-17　调试信息

人体红外传感器状态	人体红外传感器现象	电磁继电器现象	照明灯状态

（5）根据上述调试现象，小组成员共同讨论分析整个装置的工作过程和原理，描述信号转化顺序。

7. 坚持 7S 原则

本任务中涉及了 3 个以上的设备，在安装设备、设备接线的操作过程中各小组应避免出现设备混乱、接线错误等现象。为了保证实训任务顺利实施，在整个过程中要求实训人员坚持如下原则：

遵守操作规范，保证安全用电，做好安全防护，保护实训设备；按时清点、整理，保持实训设备完整有序；及时清扫、清理，保持实训环境干净整洁；坚持节约耗材、节约用电；实训中小组成员分工明确，友好配合协作；各实训成员认真对待实训任务，主动思考，积极探究；小组之间、成员之间积极交流，坚持知识共享、技能同进。

上述原则概括为 7S 原则，即安全（Safety）、整理（Seiri）、清扫（Seiso）、节约（Save）、素养（Shitsuke）、学习（Study）、共享（Share）。同学们可以通过知识链接或查阅相关资料了解企业管理的 5S、6S、8S 原则。牢记本任务提倡的 7S 原则，讨论在实训过程中应该注意的事项。

任务总结 4

1. 总结

本任务选用人体红外传感器、电磁继电器和照明灯三种设备，结合人体红外传感器和电磁继电器设备的特点设计组成了自动照明装置，利用两种设备的工作原理实现了照明自动化。读者在完成本任务的基础上可以进行创新设计和拓展实训。

2. 目标达成测试

（1）本任务中电磁继电器的作用是什么？

（2）本任务中，人体红外传感器的工作电压为_____，当感应到有人时信号线的输出电压为_____（利用万用表进行测量）。

（3）本任务中_____为电磁继电器的线圈供电。

    A．人体红外传感器的信号输出   B．工位 12 V 电源

    C．工位 24 V 电源   D．照明灯工作电源

（4）任务实施过程中要求的 7S 原则是指_____、_____、_____、_____、_____、_____、_____。除此之外，你认为在物联网实训课程中还应当注意什么？

（5）描述本任务中自动照明系统的工作过程。

能力拓展 4

（1）本任务中电磁继电器的①、②端口是悬空的，思考为什么并讨论①、②端口的功能。

（2）用 Visio 软件绘制本任务中所有设备的接线图。

（3）绘制电磁继电器的原理图，各小组根据电磁继电器的特点，选用合适的传感器和执行器，设计一种自动化装置，并进行调试、演示，讲述设计思路。

学习评价 4

填写本任务学习评价表，如表 2-18 所示。

表2-18　学习评价表

自我评价（25分）		小组评价（25分）		教师评价（50分）	
明确任务目标（5分）		出勤与课堂纪律（5分）		态度端正，积极主动参与（10分）	
能够跟进课堂节奏，完成相应练习（10分）		善于合作与分享，负责任有担当（10分）		能够理解和接受新知识（10分）	
				能够独立完成基本技能操作（15分）	
了解重点知识，能够讲述主要内容（10分）		讨论切题，交流有效，学习能力强（10分）		善于思考分析与解决问题（10分）	
				能够联系实际，有创新思维（5分）	
合计得分		合计得分		合计得分	
本人签字		组长签字		教师签字	

💡 知识链接 4

1. 6S 原则

6S 原则就是整理（Seiri）、整顿（Seiton）、清扫（Seiso）、清洁（Seiketsu）、素养（Shitsuke）、安全（Safety）6 个项目，因均以"S"开头，简称 6S 原则。

整理（Seiri）——将工作现场的所有物品区分为有用品和无用品，除了将有用的留下来，其他的都清理掉。目的：腾出空间，空间活用，防止误用，保持清爽的工作环境。

整顿（Seiton）——把留下来的必要的物品依规定位置摆放，并放置整齐加以标识。目的：工作场所一目了然，消除寻找物品的时间，整整齐齐的工作环境，消除过多的积压物品。

清扫（Seiso）——将工作场所内看得见与看不见的地方清扫干净，保持工作场所干净、亮丽，保持环境处在整洁美观的状态。目的：创造良好的工作环境，稳定品质，减少工业伤害。

清洁（Seiketsu）——将整理、整顿、清扫进行到底，并且制度化，经常保持环境处在整洁美观的状态。目的：创造明朗现场，维持上述 3S 原则推行成果。

素养（Shitsuke）——每位成员养成良好的习惯，并遵守规则做事，培养积极主动的精神（也称习惯性）。目的：促进良好行为习惯的形成，培养遵守规则的员工，发扬团队精神。

安全（Safety）——重视成员安全教育，每时每刻都有安全第一观念，防患于未然。目的：建立及维护安全生产的环境，所有的工作应建立在安全的前提下。

6S 原则之间彼此关联，整理、整顿、清扫是具体内容；清洁是指将上面的 3S 原则实施的做法制度化、规范化，并贯彻执行及维持结果；素养是指培养每位员工养成良好的习惯，并遵守规则做事，开展 6S 原则容易，但长时间的维持必须靠素养的提升；安全是基础，要尊重生命，杜绝违章。

2. 7S 原则

参照我国企业 6S、8S 及 13S 原则，根据学生专业性质和本课程特点，本任务整理了物联网实训课程中要求做到的 7S 原则，即安全（Safety）、整理（Seiri）、清扫（Seiso）、节约（Save）、素养（Shitsuke）、学习（Study）、共享（Share）7 个方面。

安全（Safety）——重视成员安全教育，每时每刻都有安全第一观念，防患于未然。目的：建立及维护安全生产的环境，所有的工作应建立在安全的前提下。

整理（Seiri）——将实训现场的所有物品按功能存放。实训课程要用的物品按秩序领取或从设备箱内拿出，摆放在规定位置；不用的设备整齐地放回存放处或设备箱中。目的：腾出空间，空间活用，防止误用，消除寻找物品的时间，使工作场所整整齐齐一目了然，保持清爽的工作环境。

清扫（Seiso）——将工作场所内看得见与看不见的地方清扫干净，保持工作场所干净、亮丽，保持环境处在整洁美观的状态。目的：创造良好的工作环境，稳定品质，减少工业伤害。

节约（Save）——节约为荣、浪费为耻。减少工作中的人力、成本、时间、资源等因素的浪费。目的：强化节约意识，养成节约习惯，变相提升效益，人人受益。

素养（Shitsuke）——每位成员养成良好的习惯，遵守操作规范，遵守规则做事，培养积极主动的精神（也称习惯性）。目的：促进良好行为习惯的形成，培养遵守规则的员工，发扬团队精神。

学习（Study）——坚持永久学习的习惯，坚持学长补短、不断提升知识技能水平。

共享（Share）——在学习和实践中要善于共享资源、分享经验技巧。通过共享和分享一方面可以节约时间，提升团队工作效率和质量，另一方面能够促进交流，利于多方面发现问题、解决问题，更有助于个人知识资源的丰富和技能水平的提升。

任务卡 2.5　黑白名片——条形码技术

2020 年 8 月 10 日，第 12 版《新华字典》正式在北京图书大厦亮相。在跟进时代方面，除了增补"初心""点赞""二维码"等新词之外，最新版的《新华字典》首次实现应用程序和纸质图书同步发行。不但通过一书一码，让《新华字典》有了电子"身份证"，而且正文每页附二维码，读者可以扫码看到当页所有单字的部首、笔画、结构等信息，免费收听字的标准读音，观看笔顺动画，查检知识讲解等；借助纸书结合二维码的形式，实现了媒体融合的二次升级，让文字有了声音、让笔画有了动态，看听结合，动静相伴。

近几年，二维码和数字化应用正潜移默化地改变着我们的日常生活，它们如同可以畅通于物联网世界的名片，紧密地联系着线上和线下，为人类构建起高效便捷的智能生活。

🔭 任务提出 5

随着商业的不断发展与智能化技术的普及，条形码技术在生产、生活中的应用越来越广泛。条形码和二维码的广泛使用给消费者查询产品信息带来了便利，其中有生产、加工、流通、消费等供应链环节中消费者关心的追溯要素。购物时，只要用智能手机扫描一下食品标签上的条形码，就能立即获得该食品的详细信息，包括食品来源、食品生产和加工方法、食品冷藏链等情况。不但食品的主料可以溯源，就连辅料也一样可以追溯。本任务我们来了解关于条形码的基本知识。

问题 1：查看身边物品（商品），有没有条形码？

问题 2：翻看教材上的条形码或二维码，知道它们的含义吗？

问题 3：常用条形码有哪些？它们的特点是怎样的？

拓展问题：条形码技术的使用，给社会带来了哪些变化？对诚信社会建设有什么意义？

⏰ 任务目标 5

（1）知晓条形码的概念和分类。

（2）了解条形码的特点。

（3）了解常用的条形码，并能够辨认条形码的类型。

（4）会使用条形码生成器设计生产条形码。

🖥 任务实施 5

1．条形码概念

条形码是由一组规则排列的条、空及字符组成的标记，用于表示一定信息的图形化代码，如图 2-31 所示。

图 2-31　条形码

2．条形码的特点

阅读知识链接中关于条形码的知识，小组内讨论生活中条形码的应用情况，从表 2-19 中选出属于条形码特点的选项。

表 2-19　条形码特点

条形码特点	a. 简单	b. 信息采集速度快	c. 采集信息量大	d. 可靠性高
	e. 灵活、实用	f. 自由度大	g. 设备结构简单	h. 成本低

3．一维条形码

（1）一维条形码只在一个方向上（一般是水平方向）表达信息，所以通常简称条形码，其一定的高度通常是为了便于阅读器对准。

（2）观看图 2-32，了解条形码的种类。

4．二维条形码

（1）在水平和垂直方向的二维空间存储信息的条形码，称为二维条形码，简称二维码，如图 2-33 所示。

Code128 码

Code39 码

EAN 码

UPC 码

图 2-32　条形码的种类

PDF417 码

QR Code 码　　　Aztec Code 码　　　汉信码

图 2-33　二维码的种类

（2）扫描二维码 2-5，通过视频了解二维码。

二维码 2-5　二维码的概念与特点

5. 收集条形码

查看几本教材或书籍的封底，收集教材的条形码信息，填入表 2-20 中。

表 2-20　条形码信息

教材名称	条形码 ISBN 编号	有无二维码	二维码内容简介

6．绘制条形码

（1）打开本任务配套资源中的条形码/二维码生成工具，分别绘制下列数据不同类型的条形码，观察有哪些不同。

①12345678　②5201314　③我和我的祖国　④物联网　⑤绿水青山001

（2）小组间互动，一方使用条形码生成器生成条形码，另一方用手机扫描条形码查看信息。

7．自主学习本任务的知识链接内容，了解更多条形码知识。

📖 任务总结 5

1．总结

现在的条形码已经广泛应用于商品流通、物流运输、邮政、图书、资料档案、货品的管理等各个领域。本任务介绍了条形码和二维码的组成特点和分类。

2．目标达成测试

（1）目前较常用的_____码制有 EAN 码、UPC 码、ITF 码、Codabar 码、Code39码、Code128 码等。

A．条形码　　　　　　　　　　B．二维码

（2）条形码的特点有_____。

A．简单　　　　　　　　　　　B．信息采集速度快

C．信息采集量大　　　　　　　D．可靠性高

E．灵活、实用　　　　　　　　F．自由度大

G．设备结构简单　　　　　　　H．成本低

I．条形码符号制作容易，扫描操作简单易行

（3）_____是当今世界上广为使用的商品条形码，已成为电子数据交换（EDI）的基础。

A．ITF 码　　　　　　　　　　B．EAN 码

C．PDF417 码　　　　　　　　D．Code39 码

（4）下列属于汉信码的图形是_____。

A.

B.

C.

D.

（5）拓展作业：简述二维码的技术应用。

📖 能力拓展 5

（1）将你的手机号码加密成条形码或二维码（网上在线生成器）。

（2）你了解"码上诚信"吗？通过资料搜索，了解二维码在展示企业信用自信，扩大企业宣传，提升企业知名度上所起到的重要作用。

🎓 学习评价 5

填写本任务学习评价表，如表 2-21 所示。

表 2-21　学习评价表

自我评价（25 分）		小组评价（25 分）		教师评价（50 分）	
明确任务目标（5 分）		出勤与课堂纪律（5 分）		态度端正，积极主动参与（10 分）	
能够跟进课堂节奏，完成相应练习（10 分）		善于合作与分享，负责任有担当（10 分）		能够理解和接受新知识（10 分）	
				能够独立完成基本技能操作（15 分）	
了解重点知识，能够讲述主要内容（10 分）		讨论切题，交流有效，学习能力强（10 分）		善于思考分析与解决问题（10 分）	
				能够联系实际，有创新思维（5 分）	
合计得分		合计得分		合计得分	
本人签字		组长签字		教师签字	

💡 知识链接 5

1. 条形码概述

条形码是将宽度不等的条、空符号，按照一定的编码规则排列，用于表示一组信息的图形标识符。条形码系统是由条形码符号设计、制作及扫描阅读组成的自动识别系统。条形码分为一维条形码（条形码）和二维条形码（二维码）两种。一维条形码比较常用，如日常商品外包装上的条形码就是一维条形码，它的信息存储量小，仅能存储一个代号，使用时通过这个代号调取计算机网络中的数据。二维条形码是近几年发展起来的，它能在有限的空间内存储更多的信息，包括文字、图像、指纹、签名等，并可脱离计算机使用。

2. 条形码技术的特点

（1）简单。条形码符号制作容易，扫描操作简单易行。

（2）信息采集速度快。普通计算机键盘录入速度是 200 字符/分钟，而利用条形码扫描的录入信息的速度是键盘录入的 20 倍。

（3）信息采集量大。利用条形码扫描，依次可以采集几十位字符的信息，而且可以通过选择不同码制的条形码增加字符密度，使采集的信息量成倍增加。

（4）可靠性高。键盘录入数据的误码率为三百分之一；利用光学字符识别技术，误码率约为万分之一；而采用条形码扫描录入方式，误码率仅为百万分之一，首读率可达98%以上。

（5）灵活、实用。条形码符号作为一种识别手段可以单独使用，也可以和有关设备组成识别系统实现自动化识别，还可以和其他控制设备联系起来实现整个系统的自动化管理。同时，在没有自动识别设备时，也可以实现手工键盘输入。

（6）自由度大。识别装置与条形码标签相对位置的自由度要比光学字符识别（OCR）大得多。

（7）设备结构简单、成本低。条形码符号识别设备的结构简单，容易操作，无须专门训练。与其他自动化技术相比，推广应用条形码技术所需费用较低。

3. 条形码种类

常见的条形码大概有二十多种码制，其中包括 EAN-13 码（EAN-13 国际商品条形码）、EAN-8 码（EAN-8 国际商品条形码）、UPC-A 码、UPC-E 码、Code39 码（标准 39码）、Code93 码（标准 93 码）、Codabar 码（库德巴码）、Code128 码（标准 128 码）、ITF码（交叉 25 码）、Industrial 25 码（工业 25 码）、Matrix25 码（矩阵 25 码）、邮政条形码（矩阵 25 码的一种变体）、Code-B 码、MSI 码、Code11 码、ISBN 码、ISSN 码等一维条形码和 PDF417 码、QR Code 码等二维条形码。

4. 常用一维条形码

1）EAN 码

EAN 码是国际物品编码协会制定的一种商品条形码，通用于全世界。EAN 码符号有标准版（EAN-13 码）和缩短版（EAN-8 码）两种，我国的通用商品条形码与其等效，日常购买的商品包装上所印的条形码一般是 EAN 码，如图 2-34 所示。

图 2-34　EAN 码

2）UPC 码

UPC 码是美国统一代码委员会制定的一种商品条形码，主要用于美国和加拿大地区，通常在从美国进口的商品上可以看到，如图 2-35 所示。

图 2-35　UPC 码

3）Code39 码

Code39 码是一种可以表示数字、字母等信息的条形码，主要用于工业、图书及票证的自动化管理，目前使用极为广泛，如图 2-36 所示。

图 2-36　Code39 码

4）Code93 码

Code93 码与 Code39 码具有相同的字符集，但它的密度要比 Code39 码高，所以在面积不足的情况下，可以用 Code93 码代替 Code39 码，如图 2-37 所示。

图 2-37　Code93 码

5）Codabar 码

Codabar 码又称库德巴码，可以表示数字和字母信息，主要用于医疗卫生、图书情报、物资等领域，如图 2-38 所示。

图 2-38　Codabar 码

6）Code128 码

Code128 码可表示 ASCII 0 到 ASCII 127 共计 128 个 ASCII 字符，如图 2-39 所示。

图 2-39　Code128 码

7）ITF 码

ITF 码又称交叉 25 码，是一种条和空都表示信息的条形码，交叉 25 码有两种单元宽度，每一个条形码字符由 5 个单元组成，其中有 2 个宽单元，3 个窄单元。在一个交叉 25 码符号中，组成条形码符号的字符个数为偶数，当字符是奇数个时，应在左侧补 0 变为偶数。条形码字符从左到右，奇数位字符用条表示，偶数位字符用空表示。交叉 25 码的字符集包括数字 0 到 9，如图 2-40 所示。

图 2-40　ITF 码

8）Industrial25 码

Industrial25 码只能表示数字，有两种单元宽度。每个条形码字符由 5 个条组成，其中有 2 个宽条，其余为窄条。这种条形码的空不表示信息，只用来分隔条，一般取与窄条相同的宽度，如图 2-41 所示。

图 2-41　Industrial25 码

9）Matrix25 码

Matrix25 码只能表示数字 0 到 9。当采用 Matrix25 码的编码规范，并采用 ITF25 码的启始符和终止符时，生成的条形码就是邮政条形码，如图 2-42 所示。

图 2-42　Matrix25 码

5. 常用二维条形码

1）PDF417 码

PDF417 码是一种堆叠式二维码，目前应用最为广泛。PDF417 码是由美国 SYMBOL 公司发明的，PDF（Portable Data File）含意为"便携数据文件"。组成二维码的每一个字符由 4 个条和 4 个空，共 17 个模块构成，故称为 PDF417 码，如图 2-43 所示。

图 2-43　PDF417 码

PDF417 码可表示数字、字母或二进制数据，也可表示汉字。一个 PDF417 码最多可容纳 1850 个字符或 1108 个字节的二进制数据，如果只表示数字则可容纳 2710 个数字。PDF417 码的纠错能力分为 9 级，级别越高，纠正能力越强。这种纠错功能，使得污损的 PDF417 码也可以被正确读出。我国目前已制定了 PDF417 码的国家标准。

PDF417 码最大的优势在于其庞大的数据容量和极强的纠错能力。PDF417 码并非因其不能被复制而防伪，而是由于其可以将大量的数据快速读入计算机，使得大规模的防伪检验成为可能。

2）QR Code 码

QR Code 码是由日本 Denso 公司于 1994 年 9 月研制的一种矩阵式二维码符号，如图 2-44 所示，它除了具有其他二维码所具有的信息容量大、可靠性高、可表示汉字及图像多种文字信息、保密防伪性强等优点外，还具有如下特点。

图 2-44　QR Code 码

（1）超高速识读。

从 QR Code 码的英文名称 Quick Response Code 可以看出，超高速识读特性是 QR Code 码区别于 PDF417 码、Data Matrix 码等二维码的主要特性。由于在用 CCD 识读 QR Code 码时，QR Code 码符号中信息的读取是通过用硬件探测 QR Code 码符号的位置，用硬件来实现的，因此，信息识读过程所需时间很短。用 CCD 二维码识读设备，每秒可识读 30 个含有 100 个字符的 QR Code 码符号；对于含有相同数据信息的 PDF417 码符号，每秒仅能识读 3 个符号；对于 Data Martix 码，每秒仅能识读 2～3 个符号。QR Code 码的超高速识读特性使它能够广泛应用于工业自动化生产线管理等领域。

（2）全方位识读。

QR Code 码具有全方位（360°）识读特性，这是 QR Code 码优于行排式二维码如 PDF417 码的另一主要特性，由于 PDF417 码是将一维条形码符号在行排高度上的截短来实现的，因此，它很难实现全方位识读，其识读方位角仅为±10°。

（3）能够有效地表示中国汉字、日本汉字。

由于 QR Code 码用特定的数据压缩模式表示中国汉字和日本汉字，它用 13 bit 即可表示一个汉字，而 PDF417 码、Data Martix 码等二维码没有特定的汉字表示模式，因此仅用字节表示模式来表示汉字，在用字节模式表示汉字时，需用 16 bit 表示一个汉字，因此 QR Code 码比其他二维码表示汉字的效率提高了 20%。

从以上的介绍可以看出，与一维条形码相比二维码有着明显的优势，归纳起来主要有以下几个方面：

① 数据容量更大；

② 超越了字母数字的限制；

③ 条形码相对尺寸较小；

④ 具有抗损毁能力。

6. 汉信码

1）简介

汉信码是一种全新的矩阵式二维码，由中国物品编码中心牵头组织相关单位合作开发，完全具有自主知识产权。和国际上其他二维码相比，更适合汉字信息的表示，而且可以容纳更多的信息，如图 2-45 所示。

图 2-45　汉信码

2）主要技术特色

（1）具有高度的汉字表示能力和汉字压缩效率。

汉信码支持 GB 18030 中规定的 160 万个汉字字符，并且采用 12 bit 的压缩比率，每个符号可表示 12～2174 个汉字字符。

（2）信息容量大。

在打印精度支持的情况下，每平方英寸最多可表示 7829 个数字字符、2174 个汉字字符、4350 个英文字母。

（3）编码范围广。

汉信码可以将照片、指纹、掌纹、签字、声音、文字等凡可数字化的信息进行编码。

（4）支持加密技术。

汉信码是第一种在码制中预留加密接口的条形码，它可以与各种加密算法和密码协议进行集成，因此具有极强的保密防伪性能。

（5）抗污损和畸变能力强。

汉信码具有很强的抗污损和畸变能力，可以被附着在常用的平面或桶装物品上，并且可以在缺失两个定位标的情况下进行识读。

（6）修正错误能力强。

汉信码采用世界先进的数学纠错理论，采用太空信息传输中常用的 Reed-Solomon 纠错算法，使得汉信码的纠错能力可以达到 30%。

（7）供用户选择的纠错能力。

汉信码提供 4 种纠错等级，使得用户可以根据自己的需要在 8%、15%、23% 和 30% 各种纠错等级上进行选择，从而具有高度的适应能力。

（8）容易制作且成本低。

利用现有的点阵、激光、喷墨、热敏/热转印、制卡机等打印技术，即可在纸张、卡片、PVC、甚至金属表面上打印出汉信码。由此所增加的费用仅是油墨的成本，称得上是一种"零成本"技术。

（9）条形码符号的形状可变。

汉信码支持84个版本，可以由用户自主进行选择，最小码仅有指甲大小。

（10）外形美观。

汉信码在设计之初就考虑到人的视觉接受能力，所以与现有国际上的二维码技术相比，汉信码在视觉感官上具有突出的特点。

任务卡 2.6　有据可查——小票打印机与条形码扫描枪

无诚信不市场，在经济发展潮流中，诚信如同是市场经济的灵魂和生命。诚信是立国之本，是一个国家和民族持续向前发展的不竭动力，也是我们为人处世所要遵守的首要原则。

🛰 任务提出 6

购物小票不仅是客户花钱消费购买商品的凭证，也是商场售卖商品的凭证。超市的购物结算环节使用条形码扫描枪来识别商品名称和价格等信息，使用小票打印机进行销售小票的打印。该任务包括热敏式小票打印机和条形码扫描枪的硬件安装、驱动安装、配置及基本使用方法。

问题1：超市中如何收费结账？生活中常见哪种打印机？

问题2：商业用小票打印机和条形码扫描枪分别是怎样工作的？

拓展问题：到超市购物时观察现在流行的扫描条形码使用的仪器，使用了什么技术？

⏰ 任务目标 6

（1）认识热敏式小票打印机和条形码扫描枪设备。

（2）熟悉小票打印机和条形码扫描枪工作过程。

（3）能够熟练安装、连接和配置使用小票打印机和条形码扫描枪。

（4）能够利用小票打印机或条形码扫描枪进行创新应用设计。

🖥 任务实施 6

1. 看图认识小票打印机和条形码扫描枪

图 2-46 为小票打印机与条形码扫描枪实物图。

图 2-46　小票打印机与条形码扫描枪实物图

2. 安装小票打印机

（1）用 USB 数据线将打印机与电脑连接。注意：打印机的 USB 线必须插入固定的电脑 USB 接口才可以正常打印。如果机箱后面没有多余的 USB 接口，请插在前置 USB 接口中，如图 2-47 所示。

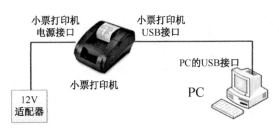

图 2-47　小票打印机与计算机连接示意图

（2）将电源适配器与电源线连接。小票打印机的 3 个指示灯同时亮起并发出提示音，表示连接完成。

（3）装入热敏打印纸。

3. 配置小票打印机

（1）单击"开始"菜单，选择"设备和打印机"选项，如图 2-48 所示。

（2）打开"设备和打印机"窗口，选择"添加打印机"选项，如图 2-49 所示。

图 2-48　设备和打印机　　　　　　　　图 2-49　添加打印机

（3）系统弹出"添加打印机"对话框，由于通过 USB 接口连接，所以选择"添加本地打印机"选项。

（4）在"添加打印机"对话框中选择打印机端口，需要根据打印机连接电脑的端口选择，如果是并口打印机请选择 LPT1（并口 1），如果是串口打印机请选择 COM 端口。此处选择 LPT1 然后单击"下一步"按钮。

（5）安装打印机驱动程序，此处选择"从磁盘安装"选项。

（6）设置打印机名称，如图 2-50 所示。

（7）根据需要进行打印机共享设置。

（8）打印测试页，如果打印成功，说明打印机安装完成，如图 2-51 所示。

4. 小票打印机的使用

打开要打印的文件，选择"打印"功能，在打印机界面选择要使用的打印机名称，进行打印设置，确定后进行打印。

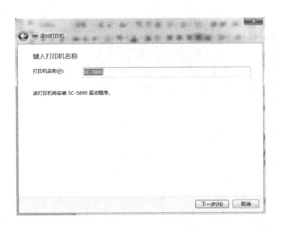

图2-50　设置打印机名称　　　　　　　图2-51　打印机安装

5. 安装条形码扫描枪

（1）按不同的接口来区分条形码扫描枪不同的连接方式。

USB 接口：一般是即插即用的，条形码扫描枪的 USB 接口与电脑连接。

键盘接口：Y 型电缆，一头接电脑键盘接口，一头接键盘，还有一头接条形码扫描枪。

串口：一头接电脑串口，一头接条形码扫描枪，串口一般需要外接电源。

本任务使用 USB 接口方式，如图 2-52 所示。

（2）连接后，将听见条形码扫描枪"嘀嘀嘀"的三声响，表示条形码扫描枪安装完成。

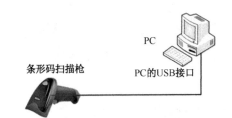

图2-52　条形码扫描枪与计算机连接示意图

6. 条形码扫描枪的使用

（1）利用条形码扫描枪扫描图 2-53 所示的 A、B、C、D 4 个条形码，将识别的内容填写到 Word 文档中。

（2）用小票打印机将各条形码对应的信息打印出来。

7. 用手机扫描条形码

现在的手机大多已经具有了条形码扫描功能。用各自的手机（钉钉/微信/QQ 的扫一扫）扫描上述条形码，查看条形码内信息和条形码扫描枪扫描的内容是否一致。

图 2-53 条形码

📖 任务总结 6

1. 总结

本任务介绍了超市里使用条形码扫描枪来识别商品信息与使用小票打印机打印销售小票的过程。介绍了热敏式小票打印机和条形码扫描枪的硬件安装、驱动安装、配置及基本使用方法。

2. 目标达成测试

（1）常用的小票打印机分为_____和_____两类。

（2）本任务中使用的打印机属于_____打印机。

（3）本任务中使用的小票打印机和电脑之间是通过_____口连接的，条形码扫描枪是通过_____口和电脑连接的。

（4）简述热敏式打印机和针式打印机的区别。

（5）实践作业：用条形码扫描枪扫描本教材（或其他教材）封底的条形码，记录扫描的信息，并用小票打印机打印出来。

（6）拓展作业：小票打印机安装过程中容易出现的问题有哪些？有什么解决办法？

⛰ 能力拓展 6

（1）将本任务中条形码扫描枪的连接头拆卸开，了解条形码扫描枪接口的结构。

（2）通过知识链接或其他资源自主学习条形码的知识，学会下载和使用条形码生成工具。

（3）探寻条形码是怎样生成的？尝试利用条形码保存身份证号、密码等信息，在数据录入时是否可以使用条形码扫描枪等设备？有何优势？

（4）大赛真题：

二维码又称二维条形码，常见的二维码为 QR Code 码、PDF417 码、Code49 码、Code16K 码、Code One 码等。

① 请根据所学知识，描述出 PDF417 码的定义及其属性特点，将答案填写至"结果文档.docx"的答题区。

② 安装小票打印机驱动，驱动程序在竞赛资料中提供。安装完成后用竞赛资料提供的二维码工具，选择 PDF417 码编码格式，生成包含有"随机生成"文本内容的二维码，图片保存至指定目录。

③ 使用小票打印机打印出该二维码，打印出来后不撕下以备检查（只需保留一张，如果保留多张将影响评分）。

🎓 学习评价 6

填写本任务学习评价表 2-22。

表 2-22　学习评价表

自我评价（25分）		小组评价（25分）		教师评价（50分）	
明确任务目标（5分）		出勤与课堂纪律（5分）		态度端正，积极主动参与（10分）	
能够跟进课堂节奏，完成相应练习（10分）		善于合作与分享，负责任有担当（10分）		能够理解和接受新知识（10分）	
				能够独立完成基本技能操作（15分）	
了解重点知识，能够讲述主要内容（10分）		讨论切题，交流有效，学习能力强（10分）		善于思考分析与解决问题（10分）	
				能够联系实际，有创新思维（5分）	
合计得分		合计得分		合计得分	
本人签字		组长签字		教师签字	

💡 知识链接 6

1. 小票打印机概念及分类

小票打印机又称票据打印机，目前有热敏式和针式两种。

热敏式小票打印机通过发热体直接使热敏纸变色产生印迹，它的结构简单、体积小巧，还有噪声小、印字质量高、无须更换色带等优点，缺点是对热敏打印纸要求比较高，时间长了会褪色。

针式小票打印机则是通过打印头出针击打色带将色带上的色迹印在纸上，也就是我们通常所说的点阵式运行方式，虽然针式小票打印机打印速度相对较慢，噪声比较大，但具有支持多层打印的优点。

本任务使用的是热敏式小票打印机。

2．条形码扫描枪分类

1）手持式扫描枪

手持式扫描枪是以 1987 年推出的技术为基础形成的产品，外形与超市收款员拿在手上的条形码扫描枪类似。手持式扫描枪绝大多数采用 CIS 技术，光学分辨率为 200 dpi，有黑白、灰度、彩色多种类型，其中彩色类型一般为 18 位彩色。

2）小滚筒式扫描枪

小滚筒式扫描枪是手持式扫描枪和平台式扫描枪的中间产品（由于内置供电且体积小，所以被称为笔记本扫描枪），这种产品绝大多数采用 CIS 技术，光学分辨率为 300 dpi，有彩色和灰度两种，彩色型号一般为 24 位彩色。也有极少数小滚筒式扫描枪采用 CCD 技术，扫描效果明显优于 CIS 技术的产品，但由于结构限制，体积一般明显大于 CIS 技术的产品。小滚筒式扫描枪的设计是将扫描枪的镜头固定，移动要扫描的物件通过镜头，运作时就像打印机那样，要扫描的物件必须穿过机器再送出，因此，被扫描的物体不可以太厚。

3）平台式扫描枪

平台式扫描枪又称平板式扫描枪、台式扫描枪，如今在市面上大部分的扫描枪都属于平台式扫描枪。这类扫描枪的光学分辨率为 300～8000 dpi，色彩位数从 24 位到 48 位，扫描幅面一般为 A4 或 A3。平台式扫描枪的好处在于像使用复印机一样，只要把扫描枪的上盖打开，不管是书本、报纸、杂志、照片底片都可以放上去扫描，相当方便，而且扫描出的效果也是常见类型扫描枪中最好的。

4）其他类型

其他的扫描枪还有大幅面扫描用的大幅面扫描枪、笔式扫描枪、底片扫描枪、实物扫描枪，以及主要用于印刷排版领域的滚筒式扫描枪等。

3. 条形码识别系统

1）条形码简介

条形码是将宽度不等的多个黑条和空白，按照一定的编码规则排列，用于表达一组信息的图形标识符。常见的条形码是由反射率相差很大的黑条（简称条）和空白（简称空）排成的平行线图案。条形码可以标出物品的生产国、制造厂家、商品名称、生产日期、图书分类号、邮件起止地点、类别、日期等许多信息，因而在商品流通、图书管理、邮政管理、银行系统等许多领域都得到了广泛的应用。

2）条形码识别系统

条形码识别系统由条形码标签、条形码生成设备、条形码识读器和计算机组成。

3）条形码技术

条形码技术（Bar Code Technology，BCT）是在计算机的应用实践中产生和发展起来的一种自动识别技术，它是为实现对信息的自动扫描而设计的，实现快速、准确而可靠地采集数据的有效手段。条形码技术的应用解决了数据录入和数据采集的瓶颈问题，为物流管理提供了技术支持。条形码技术的核心内容是利用光电扫描设备识读条形码符号来实现机器的自动识别，快速、准确地把数据录入计算机进行数据处理，从而达到自动管理的目的。

4）条形码扫描枪

条形码扫描枪又称条形码阅读器、条形码扫描器。它是用于读取条形码所包含信息的阅读设备，利用光学原理把条形码的内容解码后通过数据线或无线的方式传输到电脑或别的设备中。

条形码扫描枪的结构通常包括以下几部分：光源、接收装置、光电转换部件、译码电路、计算机接口。

条形码扫描枪的基本工作原理是由光源发出的光线经过光学系统照射到条形码符号上，被反射回来的光经过光学系统成像在光电转换器上，经译码器解释为计算机可以直接接受的数字信号。

普通的条形码扫描枪通常采用以下4种技术：光笔、CCD、激光、影像型红光。

射频识别——超高频读写器与 RFID

2019 年春运，东航启用国内首个 RFID 行李全程跟踪系统，让旅客行李全程"有迹可循"。射频识别（Radio Frequency Identification，RFID）又称无线射频识别，是一种通信技术，可通过无线电信号识别特定目标并读写相关数据，而无须识别系统与特定目标之间建立机械或光学接触，也是当前国际航空行李管理领域最领先的技术。

新华社记者从 WAPI 产业联盟获悉，我国自主研发的一项物联网安全测试技术（TRAIS-P TEST）日前由国际标准化组织/国际电工委员会（ISO/IEC）发布成为国际标准。

这是我国在物联网安全技术领域获发布的又一项拥有自主知识产权的国际标准，也是我国加强关键领域自主知识产权背景下的又一重要成果。

据介绍，该标准是 TRAIS-P 国际标准的测试标准，它规范了无线射频识别（RFID）安全密码套件一致性测试方法。标准发布后，将从技术到产品测试两个层面共同构成国际标准体系。

🎬 任务提出 7

无人超市已经悄然来到我们身边，在这一智能商超的运行过程中如工作人员考勤、商品的出入、价格调整、购物结算等很多环节都使用了 RFID 技术。不仅如此，在物流仓储、车辆登记识别、小区出入门禁等很多方面也都已经融入了 RFID 技术。超高频 RFID 技术作为一种成熟先进的技术，具有远距离、群读、低成本和低功耗等优势，可以便捷地对货物的出入库，库存盘点等各个作业环节的数据进行自动化的数据采集，保证商超的销售与供应管理环节数据输入的速度和准确性，使商超运营更加高效、准确、科学。本任务将通过实操学习超高频读写器的使用，了解 RFID 技术。

问题 1：超高频读写器是什么？

问题 2：超高频读写器怎么工作？RFID 电子标签和条形码对比有何优势？

拓展问题：超高频读写器的读取距离会受哪些因素影响？

🎯 任务目标 **7**

（1）认识超高频读写器。

（2）了解超高频读写器的工作方式，探究 RFID 技术。

（3）能够正确安装、配置和使用超高频读写器。

🖥 任务实施 **7**

1．认识超高频读写器—中距离一体机

图 2-54 是超高频读写器和 RFID 标签。

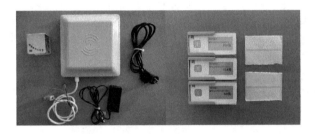

图 2-54　超高频读写器和 RFID 标签

2．超高频读写器的安装与连接

（1）先将安装支架安装到工位上，再将超高频读写器固定到支架上。

（2）连接超高频读写器电源接头，接通电源。

（3）将超高频读写器连接到计算机的 COM 端口或串口服务器的 COM 端口上，如图 2-55 所示。

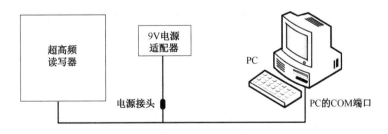

图 2-55　超高频读写器与计算机连接

3. 超高频读写器的配置

（1）在本单元配套资料包中找到超高频读写器配置程序——"UHFReader18 demomain.exe"，运行此程序。

（2）在配置程序里，打开读写器设备连接的 COM 端口，本任务中为 COM1，如图 2-56①处所示。

（3）设置 RFID 的工作模式为"应答模式"，如图 2-56②处所示。

（4）在配置软件中，选择"EPCC1-G2 Test"选项卡，如图 2-56③处所示。

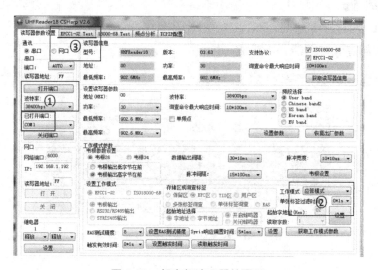

图 2-56　超高频读写器的配置

4. 读写 RFID 标签

（1）取一张超高频标签放在读写器识别区，单击"查询标签"按钮，如图 2-57 所示。如果左边有标签 ID 显示，则表示标签识读成功，如图 2-58 所示。否则设备连接不成功，应检查端口连接状态。

图 2-57　查询标签

图 2-58　查询标签

（2）为标签用户区写入数据。扫描二维码 2-6 观看视频，并参照视频为一个电子标签用户区写入数据。

5. 探究 RFID 工作原理

（1）扫描二维码 2-7 观看视频，了解 RFID 工作过程。

二维码 2-6　RFID 标签写操作　　　　　　二维码 2-7　RFID 工作过程

（2）结合图 2-59 自主学习知识链接内容，探究 RFID 系统的组成。

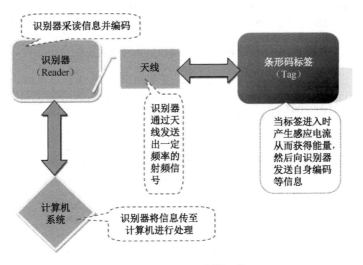

图 2-59　RFID 系统组成

📖 **任务总结 7**

1. 总结

本任务简要介绍了 RFID 技术和超高频读写器的使用。RFID 技术是物联网感知层中重要的识读技术，生活中处处可见 RFID 技术的应用，像公共交通电子车牌、酒店门禁卡、汽车防盗系统、图书馆通道门禁等。

2. 目标达成测试

（1）自主学习本任务知识链接，简述什么是 RFID 技术。

（2）RFID 是＿＿＿＿＿＿＿＿的简称。

（3）RFID 系统主要由＿＿＿＿＿＿、＿＿＿＿＿＿、＿＿＿＿＿和＿＿＿＿＿组成。

（4）本任务中的超高频读写器工作的波特率是多少？

（5）RFID 系统的基本工作原理是什么？

（6）拓展作业 1：结合任务 2.6 和任务 2.7 知识链接内容，讨论 RFID 电子标签和条形码对比有哪些优势？

（7）拓展作业 2：请列举出生活中应用 RFID 技术的场景。

⛏ **能力拓展 7**

（1）小组合作尝试利用超高频读写器与 RFID 标签对物品进行标识。

（2）查询手机是否支持 RFID 功能，尝试安装"NFC 生活通"软件，了解 NFC 技术为手机提供了哪几项功能？

（3）大赛真题：

① 利用竞赛资料提供的配置工具，将超高频读写器（中距离一体机）设置成波特率 57600，使用超高频读写器读取纸质电子标签并进行截图，粘贴至"结果文档"指定位置。

② 一只有 32 块黑、白两色皮子缝制而成的足球，黑皮子是正五边形，白皮子是正六边形，请根据二元一次方程式计算出黑皮子和白皮子的个数，拿一张纸质电子标签将用户区的数据置成 0000 0000 0000 0000（16 个 0）后，将黑皮子、白皮子的数量分别写入这张纸质电子标签用户区的第 3、第 4 位与第 7、第 8 位（从左到右）后，读取出该纸

质电子标签用户区数据并进行截图，粘贴至"结果文档"指定位置。

🎓 学习评价 **7**

填写本任务学习评价表，如表 2-23 所示。

表 2-23　学习评价表

自我评价（25 分）		小组评价（25 分）		教师评价（50 分）	
明确任务目标（5 分）		出勤与课堂纪律（5 分）		态度端正，积极主动参与（10 分）	
能够跟进课堂节奏，完成相应练习（10 分）		善于合作与分享，负责任有担当（10 分）		能够理解和接受新知识（10 分）	
				能够独立完成基本技能操作（15 分）	
了解重点知识，能够讲述主要内容（10 分）		讨论切题，交流有效，学习能力强（10 分）		善于思考分析与解决问题（10 分）	
				能够联系实际，有创新思维（5 分）	
合计得分		合计得分		合计得分	
本人签字		组长签字		教师签字	

💡 知识链接 **7**

1．射频识别技术简介

射频识别（Radio Frequency Identification，RFID）又称无线射频识别，是一种通信技术，可通过无线电信号识别特定目标并读写相关数据，无须识别系统与特定目标之间建立机械或光学接触，是一种非接触式的自动识别技术。

RFID 是 20 世纪 80 年代发展起来的一种自动识别技术，它利用射频信号通过空间耦合（交变磁场或电磁场）实现无接触信息传递并通过所传递的信息达到识别的目的，实现对静止或移动物体的自动识别。

2．RFID 系统层次

RFID 领域应用最为广泛的一个标准是 EPC 标准，它将 RFID 系统分成了 4 个层次，包括物理层、中间层、网络层和应用层。

物理层是整个系统的物理环境构造，包括标签、天线、读写器、传感器、仪器仪表等硬件设备。

中间层是信息采集的中间件和应用程序接口，负责对读卡器所采集的标签中的信息进行简单的预处理，然后将信息传送到网络层或应用层的数据接口。

网络层是系统内部及系统间的数据联系纽带，各种信息在其上交互传递。

应用层则是 EPC 后端软件及企业应用系统。

3．RFID 产品的基本组成

通常我们所说的 RFID 产品处于物理层，其最基本的组成包括如图 2-60 所示的几个部分。

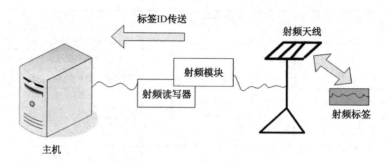

图 2-60　RFID 产品组成

1）射频标签（或称射频卡、应答器等）

射频标签也可称作射频卡，它由耦合元件及芯片组成，含有物品唯一的标识体系，包含着一系列的数据和信息，比如产地、日期代码和其他关键信息等，这些信息储存在一个小硅片中，利用射频读写器，可以及时方便地了解精确的信息。

（1）按照标签的供电形式分类如图 2-61 所示。

图 2-61　有源电子标签和半有源射频标签

有源电子标签又称主动标签（Active Tag），标签的工作电源完全由内部电池供给，同时标签电池也给标签的无线发射和接收装置供电。

半有源射频标签又称半被动标签（Semi-passive Tag），可以使用微型纽扣电池给芯片供电，而天线接收和发射仍然通过射频读写器发射的电磁波获取能量，因此本身耗电很少。

无源电子标签又称被动标签（Passive tag），没有内部电池，当标签处在射频读写器的读出范围之外时，电子标签处于无源状态，而在射频读写器的读出范围之内时，电子标签从射频读写器发出的射频能量中提取其工作所需的电源能量。

（2）按照标签的工作频率分类。

低频段电子标签：30～300 kHz

中高频段电子标签：3～30 MHz

超高频段电子标签：433.92 MHz，862(902)～928 MHz

微波频段电子标签：2.45 GHz，5.8 GHz

2）射频读写器

在 RFID 系统中，信号接收设备一般称为读写器（或读卡器）。读写器的基本功能就是提供与标签进行数据传输的接口，读取（有时还可以写入）标签信息的设备。在 RFID 相关产品中，读写器的含金量是最高的，因为它是半导体技术、射频技术、高效解码算法等多种技术的集合。

3）射频天线

射频天线主要用来在标签和读写器间传递射频信号。RFID 系统中包括两类天线，一类是 RFID 标签上的天线，和 RFID 标签集成为一体；另一类是读写器天线，既可以内置于读写器中，也可以通过同轴电缆与读写器的射频输出端口相连。目前的天线产品多采用收发分离技术来实现发射和接收功能的集成。

4．RFID 系统的基本工作原理

在工作时，RFID 读写器通过天线持续发送出一定频率的信号，当 RFID 标签进入磁场时，凭借感应电流所获得的能量发送出存储在芯片中的产品信息（Passive Tag，无源标签或被动标签），或者主动发送某一频率的信号（Active Tag，有源标签或主动标签）；随后读写器读取信息并解码后，将数据传输到中央信息系统进行有关的数据处理。

5．标签、读写器通信的方式和能量感应方式有电感耦合和电磁反向散射耦合两种

（1）电感耦合也称磁耦合，一般适用于中低频的近距离 RFID 系统，这种近距离的

电感耦合系统通过空间高频交变磁场实现耦合，依据的是电磁感应定律。

（2）电磁反向散射耦合采用雷达原理，读写器发射出去的电磁波碰到目标后一部分被目标吸收，一部分以不同的强度散射到各个方向，其中一小部分携带目标信息反射回发射天线，并被天线吸收（读写器的发射天线也是接收天线），对接收信号进行处理和放大，即可获得目标的相关信息。

RFID 技术具有防水，耐高温，使用寿命长，读取距离远，标签数据可以加密，存储数据容量大，存储信息可以随意修改，可以识别高速运动中的物体，可识别多个标签，可以在恶劣环境下工作等优点。

随着物联网概念的兴起，RFID 在社会生产生活中的应用再一次推向了高潮。目前 RFID 应用范围越来越广，涉及智能物流、商品防伪、国防军事、智能交通、电子门票、身份识别和一卡通等多个领域。

6．手机中的 RFID——NFC

1）简介

NFC 是 Near Field Communication 的缩写，表示近距离无线通信技术，由非接触式射频识别（RFID）演变而来。

2）NFC 生活通

NFC 生活通是为手机用户精心打造的一款生活服务软件，可实现闪付卡的信息查询、公交一卡通查询、电子海报读取、手机设置、电子名片互换、NFC 标签读写、条形码识读等功能。下面我们通过"NFC 生活通"来认识一下 NFC 在手机中的应用。

在手机应用商店中找到"NFC 生活通"，并安装此 App。

3）NFC 生活通功能

功能一：闪付卡功能可以查询带有芯片的银联卡的银行信息、余额、有效期、使用次数、最近十笔交易记录等卡信息，如图 2-62 所示。

功能二：文件快传功能支持两个手机用户最高以 6 Mbit/s 的速度互传文件。用户可以使用 NFC 或雷达模式进行传送，支持图片、音乐、视频、应用及普通文件的传送，如图 2-63 所示。

图 2-62　功能一

图 2-63　功能二

功能三：条形码查询功能可以扫描产品监管码、快递单号、商品条形码、药品监管码的信息，可以查询到快递的跟踪位置，产品的厂商、规格、生产日期、有效期等产品信息，也可以手动输入商品条形码、药品码、产品码，查询到相应的信息，如图 2-64 所示。

功能四：电子标签功能主要是对标签的多元化专业运用，具有读取标签、文本写入、标签克隆、标签格式化、我的位置等功能。电子标签支持文本、网页、海报等格式，可以通过用手机的后壳触碰标签的 NFC 感应区查询标签的相应信息，将信息读取或写入标签，如图 2-65 所示。

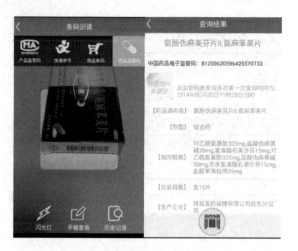

图 2-64　功能三

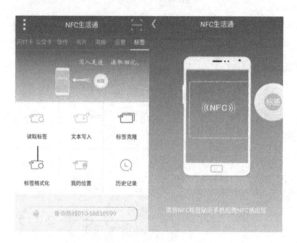

图 2-65　功能四

任务卡 2.8　温故知新——单元贯穿

A 知识过关

1. 自然界中任何有温度的物体都会辐射_____，只不过辐射的_____波长不同而已。根据实验表明，人体辐射的红外线（能量）波长主要集中在_____左右。

2. 当一些晶体受热时，在晶体两端会产生数量相等而符号相反的电荷。这种由于热变化而产生的电极化现象称为_____。通常，人体红外传感器就是指热释电传感器。

3．温湿度传感器是一种装有_____和_____元件，能够用来测量温度和湿度的传感器装置。

4．本单元中人体红外传感器的输出有_____（1种/2种/多种）情况。工作电压为_____，其信号输出电压为_____或_____。

5．本单元使用的温湿度传感器的工作电压为_____，温度量程为_____，输出电流范围为_____。

6．_____是将宽度不等的多个黑条和空白，按照一定的编码规则排列，用以表达一组信息的图形标识符。

7．目前商场超市常用的小票打印机分_____打印机和_____打印机两类。其中_____打印机不需要色带。

8．射频识别简称_____，又称无线射频识别，是一种通信技术。

9．目前较常用的一维条形码码制有_____。

    A．EAN 码   B．UPC 码   C．Code25 码   D．ITF 码

    E．Codabar 码   F．Code39 码   G．Code128 码

10．条形码的优点包括_____。

    A．简单   B．信息采集速度快

    C．采集信息量大   D．可靠性高

    E．灵活、实用   F．自由度大

    G．设备结构简单   H．成本低

    I．条形码符号制作容易，扫描操作简单易行

11．电磁继电器的基本组成部分包含_____、_____、_____、_____。

12．本单元使用的人体红外传感器的工作电压为_____，当感应到有人时信号线的输出电压为_____（利用万用表进行测量）。

🏛 **技能达标**

1．使用电磁继电器之前，要用万用表的蜂鸣挡测试电磁继电器各端口之间的连通性，一个完好的电磁继电器，各端口之间的连通性说法正确的是_____。

A. ①、③端口间是连通的　　　　B. ③、④端口是连通的

C. 常闭状态①、⑤端口是连通的　　D. ⑦、⑧端口是连通的

2. 某实验要通过人体信号控制照明灯的开关，接线图如图 2-66 所示，请补充漏掉的接线。

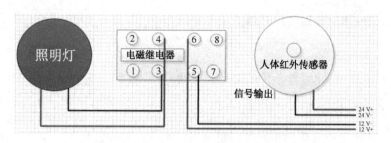

图 2-66　接线图

3. 参照本任务中温湿度传感器温度信号线输出电流与温度数值的对应关系，利用万用表测量，推导出该传感器湿度信号线输出电流与湿度数值的对应关系。结合实验，根据温湿度传感器的测量量程（−40～+80℃）和输出电流范围（4～20 mA），计算当测量温度信号线的输出电流值为 12 mA 时，对应的温度值是多少？

公式：

输出电流值为 12 mA 时，对应温度值：

4. 领取一个风速传感器，仔细阅读其安装说明，进行安装和接线，并用万用表测试接线是否正确。

5. 讲解烟雾传感器和火焰传感器的工作原理。用 Visio 软件绘制烟雾/火焰传感器的内部接线图。

6. 下列属于 PDF417 码的图形是_____。

A.

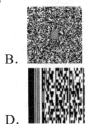

B.

C.

D.

7. 简述 RFID 系统的基本工作原理。

8. 利用本单元资源中的条形码生成工具，生成"中职物联网 2020"的各种形式的条形码，并用小票打印机打印出来，进行比较，观察它们外观上的不同。

9. 请用二维码生成软件制作一份个人简历。

核心素养

1. 简述人体红外传感器的工作原理：人体发射的红外线通过_____镜片增强聚集到红外感应源上，红外感应源通常采用_____元件，这种元件在接收的人体红外辐射温度发生变化时就会失去电荷平衡，向外释放电荷，即热释电，后续电路将释放的电荷经_____转换为电压输出，经检测处理后就能触发开关动作。人不离开感应范围，开关将_____；人离开后或在感应区域内长时间无动作，开关将自动延时关闭负载。

2. 下列各传感器，输出信号为连续值的传感器为_____；输出信号为离散值的传感器为_____。

A. 人体红外传感器　　B. 温湿度检测器　　C. 火焰传感器　　D. 烟雾传感器

E. 空气质量传感器　　F. 水位传感器　　G. 风速传感器　　H. 二氧化碳传感器

I. 光照传感器　　　　J. 速度传感器

3. 国际物品编码协会制定的一种商品用条形码是_____，已成为当今世界上广为使用的商品条形码。

    A．ITF 码   B．EAN 码   C．PDF417 码   D．Code39 码

4. 本单元学习了几种物品标识方式？讨论 RFID 电子标签和条形码对比，有哪些优势？

5. 如图 2-67 所示，RFID 系统主要由射频读写器、射频天线、射频标签和主机组成。在图 2-67 括号中填写相应组成部分的名称。

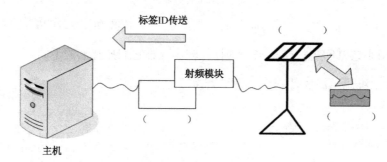

图 2-67　RFID 系统主要组成

6. 本单元提倡的 7S 原则分别是_____。

    A．整理（Seiri）   B．清扫（Seiso）

    C．素养（Shitsuke）   D．安全（Safety）

    E．节约（Save）   F．学习（Study）

    G．共享（Share）   H．保密（Secret）

7. 关于电磁继电器的描述正确的是_____。

    A．电磁继电器利用了电磁铁原理

    B．电磁继电器实现了用一个电路控制另一个电路

    C．对于工作电路，电磁继电器起到了开关的作用

    D．电磁继电器电路中包含控制电路、工作电路两个链路

8．图 2-68 是某装置的工作原理图，观察原理图，分析这一装置的主要功能是什么，并简述其工作过程。

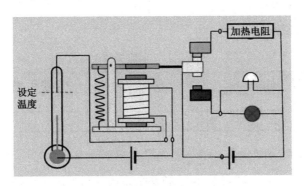

图 2-68　某装置的工作原理图

主要功能：

工作过程描述：

💡 创新实践

1．尝试用测量电压的方式，分析温湿度信号线输出电压值与温湿度值的对应关系。（注意：使用万用表的过程中要正确调整测量挡位，避免损坏。可参考任务 2.2 知识链接相关内容。）

2．安装火焰报警器和烟雾报警器，参考人体红外传感器的功能测试方法，测试其不同状态时输出信号的电流值。观察两个传感器的底座接线是否一致，可否互相替换使用。将测试结果填写至表 2-24 中。

表 2-24　对应关系

	有火/烟时电流值	无火/烟时电流值	底座是否一致	可否替换使用
烟雾传感器				
火焰传感器				

3．搜集生活中的购物小票、火车票、POS 单据，观察它们的特点，查询这些票据是用哪种打印方式打印的。调查 POS 机和交警现场开罚单用的便携式票据打印机。

4．利用超高频读写器与 RFID 标签对实训设备进行标识。编码如表 2-25 所示。完成标识后，将标签贴于对应设备上，再用超高频读写器进行识别操作。

表 2-25　编码

设备名称	用户区编码
光照传感器	00000001
火焰传感器	00000002
大气压力传感器	00000003

5．在实验 PC 上连接小票打印机并安装驱动，尝试设置打印机共享，使其能实现远程打印。

6．某比赛场地要安装防越线报警系统，当有人跨越某边界时，会联动发出警报，点亮红色警示灯。请根据上述功能要求进行设计，选用合适设备，绘制接线图。

（设备接线图：请注明设备名称和具体的接线端口名称，如果用软件绘制，请打印粘贴到此处。）

7. 参照图 2-69 电路装置，选用合适的实验设备，设计切换式电路装置。例如，风扇开启时，LED 关闭；风扇关闭时，LED 亮起。请小组合作完成此装置的安装和调试。

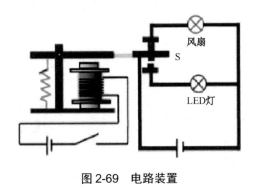

图 2-69　电路装置

🎓 学习评价

填写本任务学习评价表，如表 2-26 所示。

表 2-26　学习评价表

自我评价（25 分）		小组评价（25 分）		教师评价（50 分）	
明确任务目标（5 分）		出勤与课堂纪律（5 分）		态度端正，积极主动参与（10 分）	
能够跟进课堂节奏，完成相应练习（10 分）		善于合作与分享，负责任有担当（10 分）		了解重点知识，能够严谨操作，安全操作（10 分）	
				能够独立完成技能操作（10 分）严谨细致（2 分）有安全意识（3 分）	
了解重点知识，能够讲述主要内容（10 分）		讨论切题，交流有效，学习能力强（10 分）		善于思考分析与解决问题（5 分）能够联系实际（4 分），有诚信意识（3 分），有创新思维（3 分）	
合计得分		合计得分		合计得分	
本人签字		组长签字		教师签字	

第 **3** 单元

汇 集 传 输

 单元概述

物联网体系结构主要由三个层次组成：感知层、网络层和应用层。感知层负责
识别物体、采集信息。网络层又称传输层，负责感知层与应用层之间的信息传输。
感知层的数据往往在空间上分散、类型上各异，在进入网络层之前需要进行汇聚整
合，如图 3-1 所示。本单元所要讲述的采集器、串口服务器、路由器等设备就是负
责将感知层的数据进行整合汇总、转换和转发，并实现上下传输的设备。

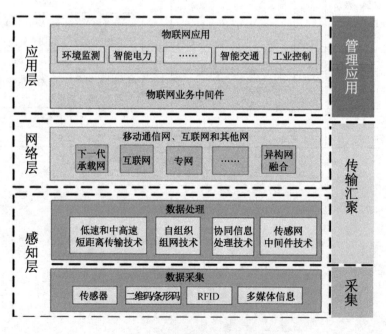

图 3-1　物联网的三层架构

单元目标

（1）认识数据采集器 ADAM-4150 模块和 ADAM-4017 模块。正确理解采集器进行数据汇聚的意义，培养凝心聚力、团结奋进精神。

（2）能够区分数字量传感器和模拟量传感器。

（3）理解 RS-485/232 转换器的工作原理和作用，能够正确使用 RS-485/232 转换器连接采集模块与 COM 串口，进行数据格式转换。

（4）理解串口服务器和路由器在物联网系统中的地位和作用，掌握串口服务器和路由器的安装配置方法。

内容列表

第3单元内容如表 3-1 所示。

表 3-1　第 3 单元内容

内容	知识点	设备	资源
任务卡 3.1	数字量数据采集器 ADAM-4150 模块的结构和功能，安装与接线	ADAM-4150 模块、万用表、人体红外等数字量传感器	二维码文档/习题参考答案
任务卡 3.2	模拟量数据采集器 ADAM-4017 模块的结构和功能，安装与接线	ADAM-4017 模块、万用表、模拟量传感器	习题参考答案
任务卡 3.3	RS-485/232 转换器的作用和用法，PC 应用程序读取 ADAM-4150 模块数据	RS-485/232 转换器、PC 应用程序、ADAM-4150 模块、火焰/烟雾传感器	二维码文档/应用程序源代码/习题参考答案
任务卡 3.4	RS-485/232 转换器的作用和用法，PC 应用程序读取 ADAM-4017 模块数据	RS-485/232 转换器、PC 应用程序、ADAM-4017 模块、风速/二氧化碳传感器	
任务卡 3.5	PC 应用程序通过 RS-485/232 转换器和 ADAM-4150 模块发送指令控制执行器	RS-485/232 转换器、PC 应用程序、ADAM-4150 模块、电磁继电器，风扇/报警灯	
任务卡 3.6	串口服务器的作用和使用方法	串口服务器（及驱动）、计算机	二维码文档/习题参考答案
任务卡 3.7	路由器的作用和使用方法	路由器、计算机	
任务卡 3.8	单元贯穿，复习检测	相关实训设备	

单元评价

请填写第 3 单元学习评价表，如表 3-2 所示。

表 3-2 第 3 单元学习评价表

任务清单	自我评价 （25分）	小组评价 （25分）	教师评价 （50分）	任务总评价 （100分）
任务卡 3.1				
任务卡 3.2				
任务卡 3.3				
任务卡 3.4				
任务卡 3.5				
任务卡 3.6				
任务卡 3.7				
任务卡 3.8				
平均得分	$S_1=$	$S_2=$	$S_3=$	$S=$
请根据任务总评价平均得分确定单元评价等级 A（$S \geqslant 90$）　B（$80 \leqslant S < 90$）　C（$60 \leqslant S < 80$）　D（$S < 60$）				

任务卡 3.1　物以类聚——数字量数据采集器 ADAM-4150 模块

人类社会的进步史也是一部不断探索的发展史。我们所有的学习都是为了进步和发展。"学贵有疑，小疑则小进，大疑则大进。疑者，觉悟之机也，一番觉悟，一番长进。"处于信息技术瞬息万变的时代，我们在专业技术的学习过程中更要善于思考，善于提问，敢于探索，勇于研究，在不断的实践中解决疑问和问题，才能不断进步不断创新。

任务提出 1

物联网的感知层负责对物理世界的感知，各种传感器感知的数据经过汇聚转发，到达网络层或应用层，被传送到应用系统进行分析处理。其中，汇聚转发功能通常由数据采集器完成。数据采集器包含传感器端口和通信接口，前者用于汇集来自传感器的数据，后者用于数据的向上和向下转发。本任务将学习一种数据采集器——ADAM-4150 模块，它是一种用于采集各种数字量（开关量）数据并进行 485 转发的模块。

问题 1：如何同时获得多种数字量传感器的信号？

问题 2：ADAM-4150 模块的作用是什么，有何特点？

问题 3：怎样使用 ADAM-4150 模块采集数字量信号？

拓展问题：ADAM-4150 模块设备来历、参数、价格是多少？

☼ 任务目标 **1**

（1）理解采集模块数据汇聚的意义，培养凝心聚力、团结奋进精神。

（2）了解 ADAM-4150 模块的结构和功能，了解其适用于采集哪些数据。

（3）能够正确安装 ADAM-4150 模块并进行接线。

（4）掌握 ADAM-4150 模块的功能测试步骤。

⌨ 任务实施 **1**

1．看图识物

通过图片认识 ADAM-4150 模块，如图 3-2 所示。

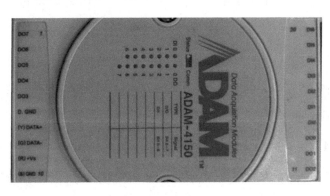

图 3-2　ADAM-4150 模块及面板细节

2．ADAM-4150 模块的结构组成

各实训小组领取 ADAM-4150 模块设备，仔细观察其外观、结构，查看其包含哪些功能接口，在表 3-3 里勾选出来。

表 3-3　结构部分选择

7 个 DI 输入通道（　）	8 个 DO 输出通道（　）	DATA+通信接口 485+（　）
DATA-通信接口 485-（　）	+Vs 工作电压正极（　）	GND 工作电压负极（　）
侧面有拨码开关（　）	面板有输入输出通道状态 LED 指示灯（　）	

3．ADAM-4150 模块的功能检测

（1）观察 ADAM-4150 模块的外观和接线端口，确保没有破损情况。

（2）将 ADAM-4150 模块侧面的拨码开关拨到"Normal"状态，如图 3-3 所示。

拨码 Init：模块初始化状态，可修改模块的地址、波特率等参数。

拨码 Normal：模块正常工作状态。

图 3-3　ADAM-4150 模块侧面

（3）使用红、黑色电源线为 ADAM-4150 模块连接工作电源，用红色线将 ADAM-4150 模块的+Vs 接到工位的 24 V 电源正极，用黑色线将 ADAM-4150 模块的 GND 接口接到工位的 24 V 电源负极，接电后，ADAM-4150 模块面板上的 Status 指示灯一直闪烁。

（4）使用一根导线一端接工位的 24 V 电源负极，另外一端接 ADAM-4150 模块的某个 DI 输入端口，例如，接到 DI0 端口时，若面板上 DI0 端口对应的 LED 指示灯亮，可以初步判断 ADAM-4150 模块质量完好。

4．用 ADAM-4150 模块采集数据

（1）安装 ADAM-4150 模块：先将配套的固定用塑料板安装在工位上，再用长螺丝将 ADAM-4150 模块安装在塑料板上进行固定。

（2）将人体红外传感器安装到工位上（参照任务 2.1）。

（3）将 ADAM-4150 模块侧面的拨码开关拨到"Normal"状态。

（4）按照表 3-4 为设备接线。

表 3-4　设备接线参照表

人体红外传感器	黄色线	红色线	黑色线
	ADAM-4150 模块的 DI0 端口	24 V 电源正极	24 V 电源负极
ADAM-4150 模块	DI0 端口	+VS	GND
	人体红外传感器黄色信号线	24 V 电源正极	24 V 电源负极

（5）将人体红外传感器的信号输出线连接到 ADAM-4150 模块的 DI0 端口，如图 3-4 所示。

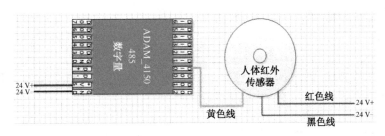

图 3-4　ADAM-4150 模块和人体红外传感器接线图

（6）接通工位电源，使 ADAM-4150 模块和人体红外传感器正常工作。

（7）实训人员先靠近人体红外传感器的感应区再离开，观察 ADAM-4150 模块面板上 DI0 端口对应的 LED 指示灯的状态，将实验现象记录在表 3-5 中。

表 3-5　实验现象记录表

人体红外传感器操作	人体红外传感器状态	DI0 端口对应的面板指示灯
有人时		
无人时		

（8）结论分析，当人体红外传感器的感应区有人时，人体红外传感器将会输出信号，ADAM-4150 模块面板 DI0 端口对应的 LED 指示灯亮起，说明 ADAM-4150 模块的 DI0 输入通道有信号输入，即采集到了人体红外传感器的信号，实现了数据采集。

（9）将人体红外传感器的信号线换接到 ADAM-4150 模块的其他 DI 端口，重复上述测试，进一步确定结论。

（10）注意：在进行接线和端口换接时，必须断开电源，在完成接线后，经过检查，确认无误才能开通电源。

📖 任务总结 **1**

1. 总结

ADAM-4100 系列数据采集器是通用传感器到计算机的便携式接口模块。本任务通过实际操作学习了 ADAM-4100 系列数据采集器的一个接口模块——ADAM-4150 模块的安装和使用。在后续的实训中将利用 ADAM-4150 模块收集数字量传感器的数据并向执行器发送控制指令。

2．目标达成测试

（1）ADAM-4150 模块面板上 DI 端口表示数据_____（输入/输出）通道，DO 端口表示数据_____（输入/输出）通道。

（2）ADAM-4150 模块面板上 GND 端口表示_____，在使用时，此端口应接_____。

（3）ADAM-4150 模块工作电源接口即+Vs 端口应该接_____。

    A．+24 V   B．−24 V

    C．24 V 电源负极   D．12 V 电源正极

（4）图 3-5 是用 ADAM-4150 模块收集火焰传感器信号的设备接线图，请在图中补充连线。

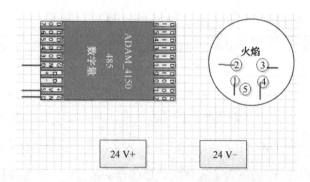

图 3-5　用 ADAM-4150 模块收集火焰传感器信号的设备接线图

（5）根据第（4）题中的接线图，当使用打火机打火模拟时，有火焰信息触发火焰传感器，则 ADAM-4150 模块面板会有哪些提示信息？

（6）拓展作业：通过扫描二维码 3-1 查看文档自主学习，了解 ADAM-4150 模块的功能检测和基本配置。

二维码 3-1　ADAM-4150 模块的功能检测和基本配置

能力拓展 1

参照本任务中 ADAM-4150 模块采集人体红外传感器数据的操作，各小组合作尝试实现利用 ADAM-4150 模块采集烟雾、火焰等多种数字量信号。

（1）绘制接线图，并按照接线图进行接线。

（2）触发传感器，测试 ADAM-4150 模块对信号的采集是否成功。

（3）各小组互相检查在实训过程中是否遵守 7S 原则。

学习评价 1

填写本任务学习评价表，如表 3-6 所示。

表 3-6 学习评价表

自我评价（25分）		小组评价（25分）		教师评价（50分）	
明确任务目标（5分）		出勤与课堂纪律（5分）		态度端正，积极主动参与（10分）	
能够跟进课堂节奏，完成相应练习（10分）		善于合作与分享，负责任有担当（10分）		能够理解和接受新知识（10分）	
				能够独立完成基本技能操作（15分）	
了解重点知识，能够讲述主要内容（10分）		讨论切题，交流有效，学习能力强（10分）		善于思考分析与解决问题（10分）	
				能够联系实际，有创新思维（5分）	
合计得分		合计得分		合计得分	
本人签字		组长签字		教师签字	

知识链接 1

1. 数字量与模拟量

数字量与模拟量都是物理量的一种。

1）数字量

数字量是分立量，不是连续变化量，只能取几个分立值，如二进制数字量只能取两个值。数字量的变化在时间上是不连续的，是一系列离散的值，也就是离散量，即分散开来的、不存在中间值的量。

在一些应用中，数字量只有两种状态，这种数字量也称开关量。如开关的导通和断开的状态，电磁继电器的闭合和打开，电磁阀的通和断等。多个开关量可以组成数字量。

数字量在时间和数量上都是离散的物理量。把表示数字量的信号叫数字信号，把工作在数字信号下的电子电路叫数字电路。

例如：用电子电路记录从自动生产线上输出的零件数目时，每送出一个零件便给电子电路一个信号，使之记为 1，而平时没有零件送出时加给电子电路的信号是 0。可见，零件数目这个信号无论在时间上还是在数量上都是不连续的，因此是数字信号，最小的数量单位是 1。

2）模拟量

模拟量是指变量在一定范围连续变化的量，也就是在一定范围（定义域）内可以取任意值（在值域内）。比如温度为 0～100℃，压强为 0～10 MPa，电动阀门的开度为 0～100%等，这些量都是模拟量。

模拟量在时间上或数值上都是连续的物理量。把表示模拟量的信号叫模拟信号，把工作在模拟信号下的电子电路叫模拟电路。

例如：热电偶在工作时输出的电压信号就属于模拟信号，因为在任何情况下被测温度都不可能发生突跳，所以测得的电压信号无论在时间上还是在数量上都是连续的。而且，这个电压信号在连续变化过程中的任何一个取值都有具体的物理意义，即表示相对应的温度。

2. 数字量传感器与模拟量传感器

（1）数字量传感器发出的信号是离散的，有的数字量传感器发出断开和闭合两种状态的信号，称为开关量传感器，比如液位开关就是一种常见的开关量传感器。当液位低于设定值时，液位开关断开（或闭合）；当液位高于设定值时，液位开关闭合（或断开）。

（2）模拟量传感器发出的是连续信号，用电压、电流、电阻等表示被测参数的大小，比如温度传感器、压力传感器等都是常见的模拟量传感器。

（3）对控制系统来说，由于 CPU 是二进制的，数据的每位有"0"和"1"两种状态，因此，开关量只要用 CPU 内部的一位即可表示，比如，用"1"表示开，用"0"表示关。而模拟量则根据精度，通常需要 8～16 位才能表示一个模拟量。

3. 采集器简介

ADAM-4100 系列数据采集器是通用传感器到计算机的便携式接口模块，专为恶劣环境下的可靠操作而设计。该系列产品具有内置的微处理器，坚固的工业级 ABS 塑料外壳，可以独立提供智能信号调理、模拟量 I/O、数字量 I/O 和 LED 数据显示，此外地址模式采用了人性化设计，可以方便地读取模块地址。

4．ADAM-4150 模块

本教材中使用的数字量数据采集器为 ADAM-4150 模块。该模块采用 EIA RS-485 通信协议，它是工业上使用最广泛的双向、平衡传输线标准，使得 ADAM-4150 模块可以远距离高速传输和接收数据。ADAM-4150 模块的内置系统是一款数据采集和控制系统，能够与双绞线多支路网络上的网络主机进行通信。

ADAM-4150 模块的主要技术参数和特点有：

➢ 7 通道输入及 8 通道输出

➢ 宽温运行

➢ 高抗噪性：1 kV 浪涌保护电压输入，3 kV EFT 及 8 kV ESD 保护

➢ 宽电源输入范围：+10～+48 V DC

➢ 易于监测状态的 LED 指示灯

➢ 数字滤波器功能

➢ DI 通道可以用 1 kHz 计数器

➢ 过流/短路保护

➢ DO 通道支持脉冲输出功能

任务卡 3.2　物以类聚——模拟量数据采集器 ADAM-4017 模块

习近平总书记强调："中国共产党人依靠学习走到今天，也必然要依靠学习走向未来。"作为职业学生，学习专业知识的根本目的在于增强技术本领、把所学知识切实转化为解决问题的能力。只有持之以恒的学习和实践，不断提高解决实际问题的能力和水平，

才能跟上现代信息技术蓬勃发展的浪潮，技赢未来。

🎯 任务提出 2

人体红外传感器、烟雾传感器的信号属于数字量信号，需要使用数字量数据采集器 ADAM-4150 模块收集这些信号。像温湿度、空气质量、光照等传感器输出的信号为连续的模拟量，需要用模拟量数据采集器收集它们的信号，本任务我们将学习模拟量数据采集器——ADAM-4017 模块的使用。

问题 1：ADAM-4017 模块与 ADAM-4150 模块在外形与结构上有何异同？

问题 2：ADAM-4017 模块与传感器之间怎样连接？

拓展问题：如何确定模拟量信号是否到达 ADAM-4017 模块？

⏰ 任务目标 2

（1）认识模拟量数据采集器 ADAM-4017 模块，了解其适用于哪些数据的采集。

（2）能够正确安装 ADAM-4017 模块。

（3）能够正确将模拟量信号线连接到 ADAM-4017 模块指定端口，并会进行连接测试。

🖥 任务实施 2

1. 认识 ADAM-4017 模块

（1）ADAM-4017 模块如图 3-6 所示。

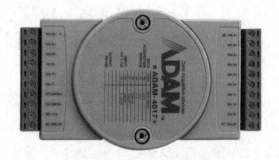

图 3-6　ADAM-4017 模块

（2）各小组领取 ADAM-4017 模块，仔细查看有哪些接口，在表 3-7 中勾选出来。

表 3-7　ADAM-4017 模块接口

Vin0± （　）	Vin1± （　）	Vin2± （　）	Vin3± （　）
Vin4± （　）	Vin5± （　）	Vin6+ （　）	Vin7+ （　）
INT　（　）	+Vs （　）	GND （　）	DATA+　DATA- （　）

（3）将 ADAM-4017 模块与 ADAM-4150 模块进行比较，指出两者的相似处和不同处。

2．安装 ADAM-4017 模块

（1）参考任务卡 3.1 中 ADAM-4150 模块的功能检测，对 ADAM-4017 模块进行功能测试。

（2）参考任务卡 3.1 中 ADAM-4150 模块的安装流程，将 ADAM-4017 模块安装到工位上。

3．安装模拟量传感器

（1）各小组领取温湿度传感器，参照任务卡 2.2 中相关内容检查、检测温湿度传感器的功能，确保设备完好无损，然后将其安装到工位上。

（2）各小组任意自选 1～2 个其他的模拟量传感器（风速传感器或光照传感器等），参考温湿度传感器的功能测试和安装方式，将自选的模拟量传感器安装到工位上。

4．设备接线

参照表 3-8 ADAM-4017 模块与传感器接口表，将设备进行连接，接线如图 3-7 所示。

表 3-8　ADAM-4017 模块与传感器接口表

	蓝色线	绿色线	红色线	黑色线
温湿度传感器	温度信号输出	湿度信号输出	工作电源正极	工作电源负极
	接 ADAM-4017 的 Vin+端口		24 V+	24 V-
	Vinx+端口	Vinx-端口	+Vs 端口	GND 端口
ADAM-4017 模块	信号输入	信号接地	工作电源正极	电源负极
	传感器的信号线	24 V-	24 V+	24 V-

接线说明：

（1）将温湿度传感器蓝色温度（TEMP）信号输出线接 ADAM-4017 模块的 Vin0+端口，绿色湿度（HUMI）信号输出线接 ADAM-4017 模块的 Vin2+端口。红、黑色电源线分别接工位的 24 V 电源正、负极。

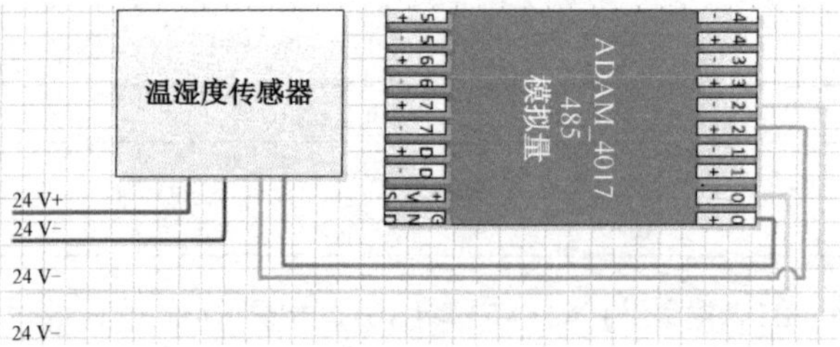

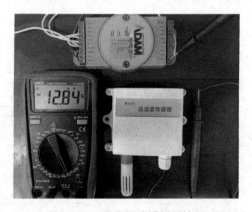

图 3-7　ADAM-4017 模块与温湿度传感器接线

（2）ADAM-4017 模块的+Vs 端口接工位的 24 V 电源正极，GND 端口接工位的 24 V 电源负极。

（3）ADAM-4017 模块的 Vin0-和 Vin2-端口分别接工位的 24 V 电源负极。

（4）其他模拟量传感器按各设备说明，参照温湿度传感器的接线步骤进行连接。注意各传感器的信号线接到 ADAM-4017 模块的某 Vin+端口。

5．模拟量输入测试

万用表测试模拟量输入如图 3-8 所示，用万用表电流挡红表笔接入信号线，黑表笔分别接入 ADAM-4017 模块的 Vin2+和 Vin0+，观察万用表测量的电流值，如果数值有变化，说明温湿度传感器连接正确。

图 3-8　万用表测试模拟量输入

6．测量分析

（1）将上述测量的电流值做记录，根据温湿度传感器的工作参数（测量范围、输出电流值范围），将记录的电流值转化为测得的温度值，与实际温度进行对比，估算误差。

（2）上述测量方式与任务卡 2.2 中温湿度传感器温度信号的电流测量相比，测得的值是否相同，原因是什么？

📖 任务总结 ②

1. 总结

本任务通过实际操作介绍了 ADAM-4100 系列数据采集器的一个模块——ADAM-4017 模块的使用。实现了对温度、湿度等模拟量数据的采集。本任务重点要求能够分辨传感器的信号类型，选择正确的数据采集器进行数据的收集，并能正确连接数据采集器与各传感器。

2. 目标达成测试

（1）本任务使用的 ADAM-4017 模块适用于_____类型数据的采集，而 ADAM-4150 模块适用于_____（模拟量/数字量）类型数据的采集。

（2）实验中，如果需要采集实训室内的光照值，应该将光照传感器的信号线连接到_____（ADAM-4150/ADAM-4017）模块的输入端口。

（3）在 ADAM-4017 模块的接线引脚中，Vin0+端口表示数据_____（输入/输出）通道，其对应的 Vin0-端口需要连接_____。

（4）下列传感器的信号分别属于模拟量还是数字量？请将表 3-9 中的传感器进行分类。

表 3-9　传感器分类

模拟量	数字量
A 水温传感器　B 人体红外传感器　C 火焰传感器　D 水位传感器　E 烟雾传感器　F 空气质量传感器　G 二氧化碳传感器　H 风速传感器　I 温湿度传感器　J 红外对射传感器	

（5）简述 ADAM-4017 模块和 ADAM-4150 模块采集的数据类型的特点。

📖 能力拓展 ②

小组合作尝试用 ADAM-4017 模块收集光照信息，参考温湿度传感器的安装与连接，参照知识链接内容安装和连接光照传感器，并用万用表测试的方法探究光照与电流值的关系。

🎓 学习评价 2

填写本任务学习评价表，如表 3-10 所示。

表 3-10　学习评价表

自我评价（25 分）		小组评价（25 分）		教师评价（50 分）	
明确任务目标（5 分）		出勤与课堂纪律（5 分）		态度端正，积极主动参与（10 分）	
能够跟进课堂节奏，完成相应练习（10 分）		善于合作与分享，负责任有担当（10 分）		能够理解和接受新知识（10 分）	
				能够独立完成基本技能操作（15 分）	
了解重点知识，能够讲述主要内容（10 分）		讨论切题，交流有效，学习能力强（10 分）		善于思考分析与解决问题（10 分）	
				能够联系实际，有创新思维（5 分）	
合计得分		合计得分		合计得分	
本人签字		组长签字		教师签字	

💡 知识链接 2

1．ADAM-4017 模块简介

ADAM-4017 模块是一款 16 位、8 通道的模拟量数据采集器，在所有通道上均具有可编程输入范围。它能够在模拟量输入通道与模块之间提供 3000 V 直流电的光隔绝保护，以避免模块和周边设备被输入线上的高压损坏。ADAM-4017 模块提供信号条件、A/D 转换、范围和 RS-485 数字通信功能。其采用一个 16 位微处理器控制的转换器，把传感器电压或电流转换成数字数据。当受到主机提示时，该模块将通过标准 RS-485 接口向主机发送数据。

ADAM-4017 模块支持 8 路差分信号，还支持 Modbus 协议。在模块右侧使用了拨码开关来切换"Init"和"Normal"状态。

2．光照传感器

1）简介

光照传感器是一种模拟量传感器，用于检测光照强度，输出数值计量单位为 lux 或 lx。工作原理是将光照强度值转为电压值，主要用于农业、林业、温室大棚培育等环境温度的监测。

自然光照的范围：夏季在阳光直接照射下，光照强度可达 60000～100000 lx，没有

太阳的室外为 1000~10000 lx，夏天明朗的室内为 100~550 lx，夜间满月下为 0.2 lx。

人工光照的范围：白炽灯每瓦大约可发出 12.56 lx 的光，但数值因灯泡大小而异，小灯泡能发出较多的流明，大灯泡较少。荧光灯的发光效率是白炽灯的 3~4 倍，寿命是白炽灯的 9 倍，但价格较高。

2）光照传感器原理与性能

光照传感器如图 3-9 所示，采用先进光电转换模块，将光照强度值转化为电压值，再经调理电路将此电压值转换为 0~2 V。

图 3-9　光照传感器

（1）技术规格。

量程：0~200000 lx

光谱范围：400~700 nm 可见光

误差：±5%

工作电压：DC 5~24 V（电压型）、DC 12~24 V（电流型）

输出信号：0~2 V、0~5 V、0~10 V、0~20 mA、4~20 mA

工作温湿度：-20~+60℃、0~70%RH

储存温湿度：-30~+80℃、0~80%RH

大气压力：80~110 kPa

长度：3 m

最远引线长度：800 m（电流型）

响应时间：＜1 s

稳定时间：1 s

电路密封：防水塑料壳

（2）安装

步骤 1：用 M4×16 十字盘头螺丝将光照传感器安装到工位上，注意在设备背面加不锈钢垫片（M4×10×1）。

步骤 2：将光照传感器的红、黑色线分别接至工位的 24 V 电源正、负极。用万用表测试光照传感器电源端线路连接情况。

步骤 3：用信号线将光照传感器的信号线（蓝色线）连接到模拟量数据采集器 ADAM-4017 模块的 Vin+端口，对应的 Vin-连接到 24 V 电源负极。

任务卡 3.3 非有即无——用 PC 应用程序读取数字量数据

2013 年 9 月和 10 月，国家主席习近平分别提出建设"新丝绸之路经济带"和"21 世纪海上丝绸之路"的战略构想。旨在高举和平发展的旗帜，积极发展与沿线国家的经济合作伙伴关系，共同打造政治互信、经济融合、文化包容的"利益共同体""命运共同体""责任共同体"。"一带一路"是促进共同发展、实现共同繁荣的合作共赢之路，其赋予了当代青年新的机遇和责任，激发了青年一代的热情和斗志，激励着我们青年一代共同学习、合作创新、互促共进，努力成为祖国未来的栋梁之材。

✎ 任务提出 3

感知层的数据汇集到采集模块上之后，即可通过计算机应用程序读取这些数据并进行分析和应用处理。ADAM-4000 系列模块应用的是 EIA RS-485 通信协议，而计算机配有 RS-232 接口，两种信号接口不能直接对接通信，数据在采集器与计算机之间的传输必须进行转换。RS-485/232 转换器能够将 RS-485 接口信号转换成 RS-232 接口信号，可以实现两种不同接口设备之间的通信。

本任务将利用 RS-485/232 转换器连接数据汇聚模块和计算机串口，以计算机应用程序读取监测火焰、烟雾数据为例，实现物联网感知层到应用层的简单过程。

问题 1: ADAM-4150 模块如何将采集的数据传输到计算机中?

问题 2: RS-485/232 转换器的作用有哪些?

拓展问题: 生活中用到多种数据转换器,它们的作用和实际意义是什么?

任务目标 3

1. 能够正确安装传感器和 ADAM-4150 模块并进行接线。

2. 能够正确用 RS-485/232 转换器将 ADAM-4150 模块与 PC 进行连接。

3. 理解 PC 端采集感知层数字量数据的流程。

4. 明白万物皆可连接的道理,并勇于钻研连接的方法,发现连接的意义。

任务实施 3

1. 设备准备

(1)本任务所需设备:火焰传感器、烟雾传感器、ADAM-4150 模块、RS-485/232 转换器。

(2)各小组领取设备,并检查测试各设备状态,确保设备完好,能够正常使用。

2. RS-485/232 转换器,如图 3-10 所示

图 3-10　RS-485/232 转换器

(1)领取 RS-485/232 转换器,观察外观。

(2)仔细查看 RS-485/232 转换器的两侧接口,它的 232 一端为_____端口,485 一端有_____个接线端口。

3. 安装设备

各设备连接关系的布局图如图 3-11 所示,根据图示将火焰传感器、烟雾传感器、ADAM-4150 模块安装到实训工位上。

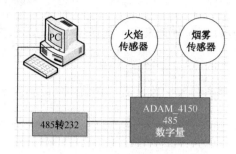

图 3-11　各设备连接关系的布局图

4．设备接线

设备接线图如图 3-12 所示。

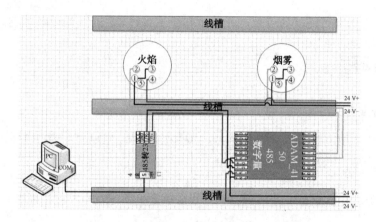

图 3-12　设备接线图

（1）火焰传感器底座的①端（报警输出 COM 端）和③端（电源−）串联后，接工位的 24 V 电源负极；④端（电源+）接工位的 24 V 电源正极；②端（火焰信号线）接 ADAM-4150 模块的 DI0 端口。

（2）烟雾传感器底座的①端（报警输出 COM 端）和③端（电源−）串联后，接工位的 24 V 电源负极；④端（电源+）接工位的 24 V 电源正极；②端（烟雾信号线）接 ADAM-4150 模块的 DI1 端口。

（3）ADAM-4150 模块的+Vs 端口接工位的 24 V 电源正极，两个 GND 端口都接工位的 24 V 电源负极。

（4）ADAM-4150 模块的 D+和 D−数据线分别接 RS-485/232 转换器的 485+和 485−端口。

（5）RS-485/232 转换器的另一头——232 端口连接到计算机的 COM 端口。

（6）检查整个数据采集系统的接线，确保所有接线正确牢固。

（7）在设备安装和设备接线的过程中，要求保持工位断电状态，禁止带电操作，检查无误后才能给工位上电。要重视操作规范，遵循发扬 7S 原则。

5. 在计算机上安装应用程序读取数据

（1）运行 3 单元资源包中的"火焰烟雾监测.exe"程序，如图 3-13 所示。

图 3-13 "火焰烟雾监测.exe"程序界面

（2）单击程序中的"刷新"按钮，查看当前火焰、烟雾监测情况。

（3）按下烟雾传感器上的黑色报警按钮，模拟有烟雾信号，观察 ADAM-4150 模块面板的 LED 指示灯的状态变化和应用程序界面变化。

（4）使用打火机的火焰在火焰传感器的感应区范围内晃动，触发火焰传感器，观察 ADAM-4150 模块面板的 LED 指示灯的状态和应用程序界面变化。

6．简述此系统中的数据到达应用程序的过程，并按照数据流经设备的先后进行排序 _____。

① ADAM-4150 模块的 DI 端口   ② 烟雾/火焰传感器信号线

③ ADAM-4150 模块的 D±端口   ④ RS-485/232 转换器的 485 端口

⑤计算机 COM 端口   ⑥ 应用程序界面

7．思考：如果要监测环境的风速、二氧化碳等模拟量数据，该选用哪些设备？

📖 任务总结 3

1. 总结

本任务通过 RS-485/232 转换器，将数字量采集器 ADAM-4150 模块采集的传感数据传输到计算机中,实现了不同接口设备间的通信和计算机应用程序对感知层数据的读取,初步实现了数字量环境数据的智能化监测。

2. 目标达成测试

(1)本任务中使用的烟雾传感器属于_____(模拟量/开关量)传感器,因为烟雾信号只有两种状态,是离散的非连续性数据。查阅本任务中烟雾传感器参数,其工作电压是_____。

(2)讲解环境监测系统中传感器、采集器和计算机之间的连接关系。

(3)简述 RS-485/232 转换器的作用和意义。

(4)分组演示计算机程序对数字量环境数据的采集情况。

(5)RS-485/232 转换器的两侧接口,一端为有_____孔的 232 接口,一端为有_____个接线端口的 485 接口。

(6)本任务中 RS-485/232 转换器的 232 接口连接_____,485 接口连接_____的 485 数据线 Data+/Data-。

(7)本任务中计算机端的应用程序是用_____语言编写的。

能力拓展 3

1. 通过本任务知识链接了解 RS-485/232 转换器的更多知识,了解 232 接口与计算机的 COM 端口连接属于直通线连接还是交叉连接,如何用串口线延长 RS-485/232 转换器的接口。

2. 分析本任务中的"火焰烟雾数据监测.exe"程序的功能,讨论在实际应用中这一程序是否有不够完善的地方,并给出建议。

3. 尝试设计模拟类型环境数据的监测系统(选取设备、绘制布局图与接线图、安装接线与应用程序调试)。

学习评价 3

填写本任务学习评价表 3-11。

表 3-11　学习评价表

自我评价（25分）		小组评价（25分）		教师评价（50分）	
明确任务目标（5分）		出勤与课堂纪律（5分）		态度端正，积极主动参与（10分）	
能够跟进课堂节奏，完成相应练习（10分）		善于合作与分享，负责任有担当（10分）		能够理解和接受新知识（10分）	
				能够独立完成基本技能操作（15分）	
了解重点知识，能够讲述主要内容（10分）		讨论切题，交流有效，学习能力强（10分）		善于思考分析与解决问题（10分）	
				能够联系实际，有创新思维（5分）	
合计得分		合计得分		合计得分	
本人签字		组长签字		教师签字	

💡 知识链接 3

1. RS-485/232 转换器

配有不同标准串行接口的计算机、外部设备或智能仪器之间进行远程数据通信，需要进行标准串行接口的相互转换。

RS-485/232 转换器兼容 RS-232、RS-485 标准，能够将单端的 RS-232 信号转换为平衡差分的 RS-485 信号，可将 RS-232 通信距离延长至 1.2 公里，采用独特的"RS-232 电荷泵"驱动，不需要靠初始化串口可得到电源，内部带有零延时自动收发转换，独有的 I/O 电路自动控制数据流方向，而不需要任何握手信号（如 RTS、DTR 等），从而保证了在 RS-232 半双工方式下编写的程序也可以在 RS-485 方式下运行，确保适合现有的操作软件和接口硬件。RS-485/232 转换器传输速率为 115.2～300 kbps，可以应用于主控机之间、主控机与单片机或外设之间构成点到点、点到多点远程多机通信网络，实现多机应答通信。RS-485/232 转换器广泛应用于工业自动化控制系统、一卡通、门禁系统、停车场系统、自助银行系统、公共汽车收费系统、饭堂售饭系统、公司员工出勤管理系统、公路收费站系统等，如图 3-14 所示。

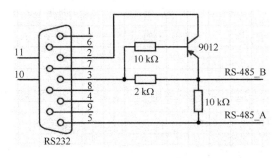

图 3-14　RS-485/232 转换器

2. RS-485

RS-485 又名 TIA-485-A、ANSI/TIA/EIA-485 或 TIA/EIA-485。

RS-485 是一个定义平衡数字多点系统中的驱动器和接收器电气特性的标准，该标准由电信行业协会和电子工业联盟定义。使用该标准的数字通信网络能在远距离条件下及电子噪声大的环境下有效传输信号。RS-485 使得连接本地网络及多支路通信链路的配置成为可能。

RS-485 有两线制和四线制两种接线，四线制只能实现点对点的通信方式，现很少采用，多采用的是两线制接线方式，这种接线方式为总线式拓扑结构，在同一总线上最多可以挂接 32 个节点。

在 RS-485 通信网络中一般采用的是主从通信方式，即一个主机带多个从机。很多情况下，连接 RS-485 通信链路时只是简单地用一对双绞线将各个接口的"A""B"端连接起来，而忽略了信号地的连接，这种连接方法在许多场合是能正常工作的，但却埋下了很大的隐患。原因一是共模干扰：RS-485 接口采用差分方式传输信号，不需要相对于某个参照点来检测信号，系统只需检测两线之间的电位差，但容易忽视收发器有一定的共模电压范围，RS-485 收发器共模电压范围为-7～+12 V，只有满足上述条件，整个网络才能正常工作；当网络线路中共模电压超出此范围时就会影响通信的稳定可靠，甚至损坏接口。原因二是 EMI 的问题：发送驱动器输出信号中的共模部分需要一个返回通路，如果没有一个低阻的返回通道（信号地），就会以辐射的形式返回源端，整个总线就会像一个巨大的天线向外辐射电磁波。

3. RS-232

RS-232（EIA RS-232）是常用的串行通信接口标准之一，它是由美国电子工业协会（EIA）联合贝尔系统公司、调制解调器厂家及计算机终端生产厂家于 1970 年共同制定的，其全名是"数据终端设备（DTE）和数据通信设备（DCE）之间串行二进制数据交换接口技术标准"。

在串行通信时，要求通信双方都采用一个标准接口，使不同的设备可以连接起来进行通信。RS-232-C（EIA RS-232-C）接口是目前最常用的一种串行通信接口。（"RS-232-C"中的"-C"表示 RS-232 的版本）。

RS-232-C 标准接口有 25 个引脚，常用的只有 9 个，如图 3-15 和表 3-12 所示。

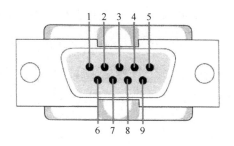

图 3-15 RS-232-C

表 3-12 RS-232-C 的引脚功能

引脚	符号	输入/出	说明	引脚	符号	输入/出	说明
1	DCD	输入	数据载波检测	6	DSR	输入	数据装置就绪
2	RXD	输入	接收数据	7	RTS	输出	请求发送
3	TXD	输出	发送数据	8	CTS	输入	清除发送
4	DTR	输出	数据终端就绪	9	RI	输入	振铃指示
5	GND		信号地				

（1）数据载波检测（Data Carrier Detection，DCD）——用来表示 DCE 已接通通信链路，告知 DTE 准备接收数据。当本地的调制解调器（MODEM）收到由通信链路另一端（远地）的 MODEM 送来的载波信号时，使 RLSD 信号有效，通知终端准备接收，并且由 MODEM 将接收的载波信号解调成数字数据后，沿接收数据线 RXD 送到终端。此线也称接收线信号检测（Received Line Signal Detection，RLSD）线。

（2）接收数据（Receive X Data，RXD）——通过 RXD 终端接收从 MODEM 发来的串行数据（DCE→DTE）。

（3）发送数据（Transmit X Data，TXD）——通过 TXD 终端将串行数据发送到 MODEM（DTE→DCE）。

（4）数据终端就绪（Data Terminal Ready，DTR）——有效时（ON）状态，表明数据终端可以使用。

（5）信号地（GND）。

（6）数据装置就绪（Data Set Ready，DSR）——有效时（ON）状态，表明通信装置处于可以使用的状态。

（7）请求发送（Request To Send，RTS）——用来表示 DTE 请求 DCE 发送数据，即当终端要发送数据时，使该信号有效（ON 状态），向 MODEM 请求发送。它用来控制

MODEM 是否要进入发送状态。

（8）清除发送（Clear To Send，CTS）——用来表示 DCE 准备好接收 DTE 发来的数据，是对 RTS 的响应信号。当 MODEM 已准备好接收终端传来的数据并向前发送时，使该信号有效（ON 状态），通知终端开始通过 TXD 终端发送数据。

（9）振铃指示（Ringing，RI）——当 MODEM 收到交换台送来的振铃呼叫信号时，使该信号有效（ON 状态），通知终端，已被呼叫。

任务卡 3.4　连续不断——用 PC 应用程序读取模拟量数据

"事辍者无功，耕怠者无获。"做任何事情只有坚持不懈、锲而不舍，才有可能取得成功。正如习近平总书记所说："青年一代有理想、有本领、有担当，国家就有前途，民族就有希望。"作为代表着国家未来的青年一代，唯有争朝夕不懈努力，方能有所成不负韶华。

🔭 任务提出 4

任务 3.3 实现了应用程序对 ADAM-4150 模块数据的读取。本任务将以监测风速、二氧化碳浓度为例，实现应用程序对 ADAM-4017 模块数据的读取。

问题 1：ADAM-4017 模块与计算机之间的数据交换是怎么实现的？

问题 2：RS-485/232 转换器的作用是什么？

问题 3：RS-485/232 转换器接口与数据采集模块、计算机分别怎么连接？

拓展问题：RS-485/232 转换器与 ADAM-4150 模块、ADAM-4017 模块的连接方式是否一致？关键点是什么？

⏰ 任务目标 4

（1）能够规范安装模拟量传感器和 ADAM-4017 模块并进行接线。

（2）能够正确用 RS-485/232 转换器将 ADAM-4017 模块与计算机进行连接。

（3）理解计算机端应用程序采集感知层数据的流程。

（4）分析数据经过 RS-485/232 转换器发生的变化，总结数据转发的实质。培养善于观察分析、发现事物本质的能力。

💻 任务实施 4

1．设备准备

（1）本任务选用设备：风速传感器、二氧化碳传感器、ADAM-4017 模块、RS-485/232 转换器接口，如图 3-16 所示。

图 3-16　选用设备

（2）各小组按照任务所需设备清单领取设备，并对各设备进行基本的功能检测，确保设备完好无损，能够正常使用。

2．安装设备

（1）参考任务 3.3 中的图 3-11，绘制本任务设备布局图。

（2）按照绘制的设备布局图，将风速传感器、二氧化碳传感器、ADAM-4017 模块安装到实训工位上。

3．设备接线

参考任务 3.2 中的图 3-7 和任务 3.3 中的图 3-12，为设备接线，要求如下：

（1）风速传感器的红、黑色线分别接工位的 24 V 电源正、负极；风速信号线（蓝色线）连接 ADAM-4017 模块的 Vin2+ 端口。

（2）二氧化碳传感器红、黑色线分别接工位的 24 V 电源正、负极；二氧化碳信号线（蓝色线）连接 ADAM-4017 模块的 Vin3+ 端口。

（3）ADAM-4017 模块的 Vs 端口接 24 V 电源正极，Vin1-、Vin2-、Vin3-、GND 端口连接 24 V 电源的负极。

（4）ADAM-4017 模块的 DATA+ 和 DATA- 数据线分别连接 RS-485/232 转换器接口

的 485+和 485−端口。

（5）RS-485/232 转换器的 232 端口连接到计算机的 COM 端口。

（6）检查整个数据采集系统的接线，确保所有接线正确牢固。

4．在计算机上安装应用程序读取数据

（1）运行资源包中的"风速与二氧化碳采集.exe"程序，程序界面如图 3-17 所示，源程序见 3 单元资源文件夹。

（2）单击程序中的"刷新"按钮，查看当前风速值和二氧化碳值。

（3）用手转动风速传感器，刷新应用程序，观察数据的变化。

（4）向二氧化碳传感器的感应区呼气或以其他方式改变二氧化碳浓度，刷新应用程序，观察二氧化碳数据的变化。

图 3-17　"风速与二氧化碳采集.exe"程序界面

5．小组成员简述此系统中的数据到达应用程序的过程，或者按照数据流经设备的先后进行排序＿＿＿＿＿＿＿＿＿＿＿＿＿＿＿＿＿＿＿＿。

① ADAM-4017 模块的 Vin+端口　　② 风速/二氧化碳传感器信号线

③ ADAM-4017 模块的 DATA 端口　　④ RS-485/232 转换器的 485 端口

⑤ 计算机 COM 端口　　　　　　　⑥ 应用程序界面

6．尝试分析本任务的应用程序"风速与二氧化碳采集.exe"的源代码与任务 3.3 中的应用程序"火焰烟雾监测.exe"的源代码，理解程序中读取 ADAM-4017 模块和 ADAM-4150 模块数据的代码含义和不同之处。

📖 任务总结 4

1．总结

本任务通过 RS-485/232 转换器接口，将 ADAM-4017 模块与计算机进行连接，通过应用程序访问计算机串口，实现了应用程序对 ADAM-4017 模块的风速、二氧化碳等模拟量类型环境数据的读取。在学习和实训中要注意总结 ADAM-4017 模块和 ADAM-4150 模块的相同点和不同点。

2. 目标达成测试

（1）本任务中 RS-485/232 转换器的_____连接计算机的 COM 端口，_____接口的 485+端口和 485-端口分别连接 ADAM-4017 模块的 485 数据线 Data+/Data-端口。

（2）本任务使用的风速传感器属于_____（模拟量/开关量）传感器，二氧化碳传感器属于_____（模拟量/开关量）传感器，因为这种传感器的值是_____（连续性/离散性）数据。

（3）简要介绍风速数据到应用程序的过程。

📚 能力拓展 4

1. 本任务中的 ADAM-4017 模块能否换成 ADAM-4150 模块？为什么？

2. 如果把本任务中的风速传感器换成光照传感器，应用程序是否能获取光照值？为什么？

🎓 学习评价 4

填写本任务学习评价表，如表 3-13 所示。

表 3-13　学习评价表

自我评价（25 分）		小组评价（25 分）		教师评价（50 分）	
明确任务目标（5 分）		出勤与课堂纪律（5 分）		态度端正，积极主动参与（10 分）	
能够跟进课堂节奏，完成相应练习（10 分）		善于合作与分享，负责任有担当（10 分）		能够理解和接受新知识（10 分）	
				能够独立完成基本技能操作（15 分）	
了解重点知识，能够讲述主要内容（10 分）		讨论切题，交流有效，学习能力强（10 分）		善于思考分析与解决问题（10 分）	
				能够联系实际，有创新思维（5 分）	
合计得分		合计得分		合计得分	
本人签字		组长签字		教师签字	

💡 **知识链接 4**

扫描二维码 3-2 查看文档，回顾 C#编程基本知识。

二维码 3-2　C#编程基本知识

任务卡 3.5　**一触即发——PC 应用程序控制执行器**

　　中国航天科工集团新一代精打体系武器系统青年创新团队，是一支平均年龄不到 35 岁的年轻团队。"青春"和"创新"是这支团队的两个关键词，"因为青春，所以热血，勇往直前，无所畏惧"。这支被评价为"最敢想、最敢干"的队伍，历经艰苦攻关，坚持自主创新，成功研制出我国新一代精打体系武器，4 项核心指标国际领先，解决并突破了 40 余项重大关键技术，获得授权专利 100 余项。

　　他们时刻不忘少年初心。作为我国国防高技术领域的青年集体代表，他们是名副其实的中国"砺剑人"。

　　他们的青春由磨砺而出彩，他们的人生因奋斗而升华。

🎬 **任务提出 5**

　　在任务 3.3 和任务 3.4 中，分别完成了应用程序通过 COM 端口对数字量数据和模拟量数据的读取，实现了对环境中风速、二氧化碳、火焰、烟雾等类型数据的监测。而实际应用中不仅要通过应用程序读取数据，更重要的是根据监测到的数据，做出相应的处理，通过应用程序向控制系统发出指令，达到控制某些设备运行的目的。比如通过应用程序开启空调装置，有火焰和烟雾时开启报警装置和灭火装置等。

　　问题 1：计算机应用程序如何向设备发出指令？

问题2：请简述自动控制系统中 ADAM-4150 模块的作用和地位。

拓展问题：通过应用程序控制设备与现场人工机械控制设备相比有哪些优势？

⏰ 任务目标 5

1. 能够正确安装传感器和 ADAM-4150 模块并进行接线。

2. 会使用 RS-485/232 转换器将 ADAM-4150 模块与 PC 进行连接。

3. 理解 PC 端应用程序发送的控制指令的转发过程。

🖥 任务实施 5

1．设备准备

（1）本任务所需设备：电磁继电器、报警灯、风扇、ADAM-4150 模块、RS-485/232 转换器接口。

（2）各小组领取设备，并检查测试各设备状态，确保设备完好，能够正常使用。

2．安装设备

（1）绘制本任务设备布局图，如图 3-18 所示。

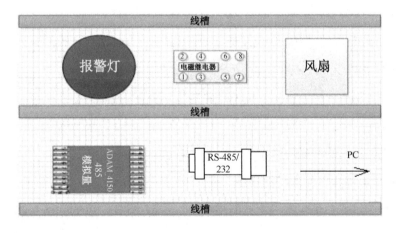

图 3-18　设备布局图

（2）按照所绘制的布局图，将电磁继电器、报警灯、风扇、ADAM-4150 模块安装到实训工位上。

3．设备接线

（1）电磁继电器 1 的③端口连接报警灯的供电电源负极（白色线），④端口连接报警灯的供电电源正极（红色线），⑥端口连接工位的 12 V 电源正极，⑤端口连接工位的 12 V 电源负极，⑧端口连接工位的 24 V 电源正极，⑦端口连接 ADAM-4150 模块的 DO0 端口。

（2）电磁继电器 2 的③端口连接风扇红色电源线，④端口连接风扇黑色电源线，⑥端口连接工位的 24 V 电源正极，⑤端口连接工位的 24 V 电源负极，⑧端口连接工位的 24 V 电源正极，⑦端口连接 ADAM-4150 模块的 DO2 端口。

（3）ADAM-4150 模块的+Vs 端口连接工位的 24 V 电源正极，两个 GND 端口都连接工位的 24 V 电源负极。

（4）ADAM-4150 模块的 D+和 D-数据线分别连接 RS-485/232 转换器接口的 485+和 485-端口。

（5）RS-485/232 转换器的 232 端口连接计算机的 COM 端口。

（6）检查所有设备的接线，确保正确后工位方可供电。

4．用工具软件测试发送控制指令

（1）运行 3 单元资源包中的"STC_ISP_V483.exe"程序，切换到"串口助手"界面，选择 COM1 端口，将波特率设置为 9600。

（2）在"单字符串发送区"输入"01 05 00 10 FF 00 8D FF"，单击"发送字符/数据"按钮，此时报警灯开启。"接收/键盘发送缓冲区"显示 COM 端口接收的数据"01 05 00 10 FF 00 8D FF"。"STC_ISP_V483.exe"程序界面如图 3-19 所示。

（3）同理，输入"01 05 00 10 00 00 CC FF"，可以关闭报警灯。

（4）重复上述操作，在操作过程中，观察 ADAM-4150 模块面板 LED 指示灯的状态变化和对应电磁继电器的反应情况。

5．计算机应用程序发送控制指令

（1）运行 3 单元资源包中的"控制指令发送.exe"程序，界面如图 3-20 所示，源程序见 3 单元资源包。

（2）单击程序中的"打开"按钮或"关闭"按钮，控制报警灯和风扇的开和关。

（3）同时观察 ADAM-4150 模块面板 LED 指示灯的状态变化。

（4）应用程序的开关指令到达被控设备的顺序为：应用程序——计算机 COM 端口——RS-485/232 转换器——ADAM-4150 模块——ADAM-4150 模块的 DO 端口。

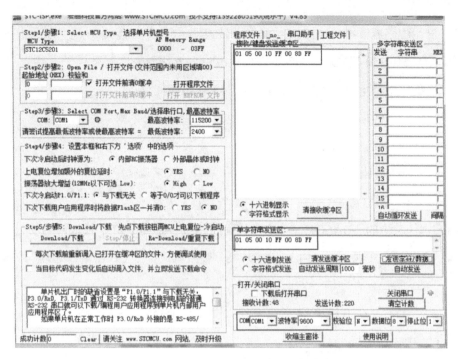

图 3-19　"STC_ISP_V483.exe"程序界面

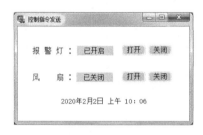

图 3-20　"控制指令发送.exe"程序界面

📖 任务总结 5

1. 总结

本任务通过 RS-485/232 转换器接口，由计算机应用程序将控制设备的指令数据发送至 ADAM-4150 模块的输出端口，实现了计算机程序对报警灯、风扇等执行器电器设备的控制。本任务强调理解计算机应用程序控制设备指令的转换过程。同时要进一步熟练各种设备的安装与接线。

2. 目标达成测试

（1）本任务中报警灯点亮的过程依次是＿＿＿＿＿＿＿＿＿＿＿＿＿＿＿＿。

① 运行应用程序，单击报警灯"打开"按钮；

② 应用程序通过串口连接 RS-485/232 转换器，向 ADAM-4150 模块发送指令数据；

③ ADAM-4150 模块通过 DO 端口向电磁继电器线圈输出电流；

④ 电磁继电器电磁铁工作，使报警灯的工作电路闭合；

⑤ 报警灯电源接通，被点亮。

（2）本任务中的风扇和报警灯属于_____设备。

    A．模拟量传感器   B．数字量传感器

    C．执行器电器   D．采集

（3）本任务中的 ADAM-4150 模块可不可以换成 ADAM-4017 模块，为什么？

（4）本任务中实现 ADAM-4150 模块 485 接口与计算机 COM 端口通信的关键设备是_____。

    A．ADAM-4150 模块   B．ADAM-4017 模块

    C．电磁继电器   D．RS-485/232 转换器

📖 能力拓展 5

某中学生要做孵小鸡的生物实验，了解到种蛋需要处于 37.5～38℃的恒温环境中，请你利用实训设备帮助他搭建一个这样的环境。

🎓 学习评价 5

填写本任务学习评价表，如表 3-14 所示。

表 3-14　学习评价表

自我评价（25分）		小组评价（25分）		教师评价（50分）	
明确任务目标（5分）		出勤与课堂纪律（5分）		态度端正，积极主动参与（10分）	
能够跟进课堂节奏，完成相应练习（10分）		善于合作与分享，负责任有担当（10分）		能够理解和接受新知识（10分）	
				能够独立完成基本技能操作（15分）	
了解重点知识，能够讲述主要内容（10分）		讨论切题，交流有效，学习能力强（10分）		善于思考分析与解决问题（10分）	
				能够联系实际，有创新思维（5分）	
合计得分		合计得分		合计得分	
本人签字		组长签字		教师签字	

知识链接 **5**

1．应用程序

应用程序是为完成某项或多项特定工作的计算机程序。它运行在用户模式，可以和用户进行交互，具有可视的用户界面。

应用程序通常被分为两部分：图形用户接口（GUI）和引擎（Engine）。

它与应用软件的概念不同，应用软件指使用的目的分类，可以是单一程序或其他从属组件的集合，如 Microsoft Office、Open Office。应用程序指单一可执行文件或单一程序，如 Word、Photoshop。日常中可不将两者仔细区分，一般视程序为软件的一个组成部分。

2．程序设计

程序设计是给出解决特定问题程序的过程，是软件构造活动中的重要组成部分。程序设计往往以某种程序设计语言为工具，给出这种语言下的程序。程序设计过程应当包括分析、设计、编码、测试、排错等不同阶段。专业的程序设计人员常被称为程序员。

任何设计活动都是在各种约束条件和相互矛盾的需求之间寻求一种平衡的，程序设计也不例外。在计算机技术发展的早期，由于机器资源比较昂贵，程序的时间和空间代价往往是设计者关心的主要因素。随着硬件技术的飞速发展和软件规模的日益庞大，程序的结构、可维护性、复用性、可扩展性等因素日益重要。

3．程序设计步骤

1）分析问题

对于接受的任务要进行认真的分析，研究所给定的条件，分析最后应达到的目标，找出解决问题的规律，选择解题的方法，完成实际操作。

2）设计算法

即设计出解题的方法和具体步骤。

3）编写程序

将算法翻译成计算机程序设计语言，对源程序进行编辑、编译和连接。

4）运行程序，分析结果

运行可执行程序，得到运行结果。能得到运行结果并不意味着程序正确，要对结果进行分析，看它是否合理。不合理要通过上机发现和排除程序故障对程序进行调试。

5）编写程序文档

许多程序是提供给别人使用的，如同正式的产品应当提供产品说明书一样，正式提供给用户使用的程序，必须向用户提供程序说明书。内容应包括：程序名称、程序功能、运行环境、程序的装入和启动、需要输入的数据及使用注意事项等。

4．程序设计方法

1）面向过程

面向过程的结构化程序设计分三种基本结构：顺序结构、选择结构、循环结构。

设计原则：

自顶向下，指从问题的全局下手，把一个复杂的任务分解成许多易于控制和处理的子任务，子任务还可能做进一步分解，如此重复，直到每个子任务都容易解决为止。

模块化，指解决一个复杂问题是自顶向下逐层把软件系统划分成一个个较小的、相对独立但又相互关联的模块的过程。

注意事项：

使用顺序、选择、循环等有限的基本结构表示程序逻辑。

选用的控制结构只准许有一个入口和一个出口。

程序语句组成容易识别的块，每块只有一个入口和一个出口。

复杂结构应该用基本控制结构进行组合或嵌套来实现。

程序设计语言中没有的控制结构，可用一段等价的程序段模拟，要求程序段在整个系统中应前后一致。

严格控制 GOTO 语句。

2）面向对象的程序设计

面向对象的基本概念包括对象、类、封装、继承、消息、多态性。

设计优点：

符合人们认识事物的规律。

改善了程序的可读性。

使人机交互更加贴近自然语言。

任务卡 3.6 上传下达——串口服务器

目前，我国首个卫星物联网——"行云工程"的第一阶段建设任务已全面完成，预计将于 2023 年前后建成由百余颗卫星组成的"物联网星座"。"行云工程"两颗试验卫星已在轨验证了多项关键核心技术，特别是这两颗卫星首次实现了我国低轨卫星星间激光通信，打通了物联网卫星之间空间信息传输的瓶颈制约。

🔭 任务提出 6

前面的任务中，我们将感知层采集的数据，通过 RS-485/232 转换器，经计算机的串口传给计算机。这种转发方式适合近距离数据转发与传输。对于远距离传输，必须要依靠网络传输。这就要求将感知层的数据由 485 格式或 232 格式转换为 TCP/IP 格式。本任务将学习利用串口服务器将 RS-485/232 串口转换成 TCP/IP 协议网络接口，实现 RS-485/232 串口与 TCP/IP 协议网络接口的数据双向透明传输，使数据传输得更远。

问题 1：计算机通常配装几个 COM 端口？

问题 2：如何获得远程的 485 数据？串口服务器的作用是什么？

拓展问题：串口服务器是否属于网络设备？可否远程管理？

⏰ 任务目标 6

（1）认识串口服务器设备。

（2）了解串口服务器的工作原理和作用。

（3）能够正确安装、连接和配置串口服务器。

图 3-21　串口服务器

任务实施 **6**

1. 认识串口服务器

串口服务器如图 3-21 所示。

2. 串口服务器的配置

（1）用双绞线将串口服务器的 LAN 口与计算机的网线接口连接起来。

（2）运行 3 单元资源文件夹中的"vser.msi"文件，安装串口服务器驱动，安装界面如图 3-22 和图 3-23 所示。

图 3-22　串口服务器驱动安装界面一

图 3-23　串口服务器驱动安装界面二

（3）"以管理员身份运行"安装串口服务器配置软件"vser_config.exe"，如图 3-24 所示。扫描设备 IP 地址，如"192.168.0.200"（此为串口服务器出厂默认 IP 地址），如图 3-25 所示。

图 3-24　运行配置文件

图 3-25　扫描设备 IP 地址

（4）修改计算机 IP 地址，使其与串口服务器处于同一网段，如图 3-26 所示。

（5）在计算机上打开 IE 浏览器，输入串口服务器的 IP 地址，如"192.168.0.200"，选择"服务器设置"选项，修改 IP 地址为"192.168.14.200"，修改网关为"192.168.14.1"。如图 3-27 所示（此处 IP 根据要求设置，网关是串口服务器所连接的路由器或计算机的 IP）。

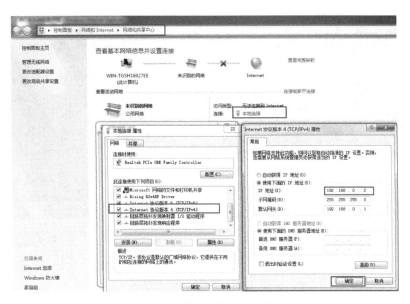

图 3-26　修改计算机 IP 地址

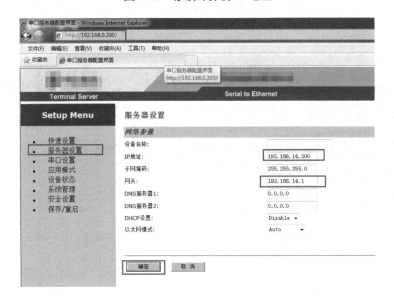

图 3-27　修改串口服务器 IP 数据

（6）选择"串口设置"选项，在"串口选择："选区选择每个串口的编号，在下方设置波特率，使其适应此串口要连接的设备接口的波特率。例如：选项中的"1"号串口要接数字量和模拟量数据采集器，则设置波特率为 9600；选项中的"2"号串口要连接 RFID读写器一体机，则设置波特率为 57600；选项中的"4"号串口要连接 LED 显示屏，则设置波特率为 9600。单击"确定"按钮，如图 3-28 所示。

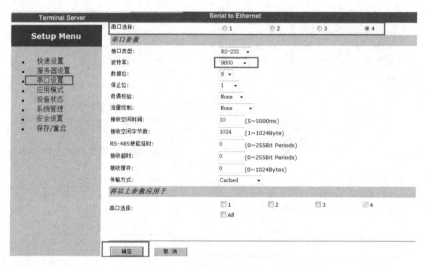

图 3-28　设置串口波特率

（7）如图 3-29 所示，在"应用模式"中设置连接模式为"Real COM"，连接数设为最大"8"，串口选择勾选"All"选项。

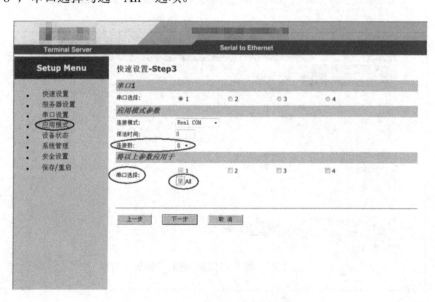

图 3-29　修改串口服务器应用模式

（8）设置完成后，选择左侧的"保存/重启"选项，再单击"确定"按钮，会出现"提示：配置参数已保存，并且设备正在重新启动!"，等待设备重启完成，即完成基本配置，此时可查看配置信息或关闭页面，如图 3-30 所示。

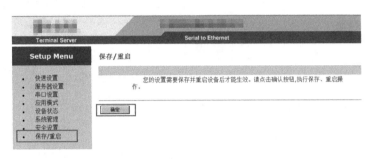

图 3-30　保存/重启串口服务器

（9）再打开"vser_config.exe"程序，单击"串口配置"按钮，填入 IP 地址"192.168.14.200"，并依次完成 4 个虚拟串口的配置，如图 3-31 所示。最后单击"保存"按钮。

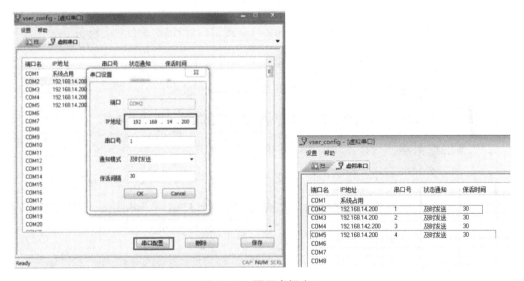

图 3-31　配置虚拟串口

3．连接测试

（1）在计算机上运行"命令提示符"程序用"ping 192.168.14.200"命令测试计算机与串口服务器的连通性，如果 ping 通，表示串口服务器的网络配置正确。

（2）将 ADAM-4017 模块或 ADAM-4150 模块引出的 RS-485/232 转换器的串口或其他设备的串口连接到串口服务器的串口上，效果与把它们直接连接到主计算机的 COM 端口是一样的。由此可见，串口服务器的串口相当于计算机串口的延伸和扩展。

📖 任务总结 6

1. 总结

本任务通过实操学习了串口服务器的配置和使用。要求重点掌握串口服务器的安装、配置和连接。

2. 目标达成测试

（1）本任务使用的串口服务器具有_____个 COM 端口，_____个网络接口。

（2）串口服务器提供_____转_____功能，能够将 RS-232/485/422 串口转换成_____协议网络接口。

（3）下列关于本任务使用的串口服务器说法错误的是_____。

    A. 因为串口服务器有 TCP/IP 协议网络接口，所以它属于网络设备

    B. 本任务中串口服务器拓展了系统的串口数量

    C. 串口服务器与计算机之间的通信是 RS-485 通信

    D. 串口服务器与 ADAM-4017 模块之间的通信是 RS-485 通信

（4）自主学习本任务背景知识，简述串口服务器的工作原理。

（5）拓展作业：本任务实训中串口服务器与计算机之间通过双绞线直连，但在实际应用中，串口服务器和计算机之间通常是通过局域网或广域网设备间接连接的，请各小组尝试使用路由器连接计算机和串口服务器，并完成配置。

🏭 能力拓展 6

某实验小组在一次物联网应用实验中有一台计算机需要连接 ADAM-4017 模块读取环境数据，同时要连接一台超高频读写器来读写 RFID 标签，请协助该实验小组将计算机与两个设备的串口连接改造为网络连接，参考步骤如下：

（1）使用带有至少 2 个串口的串口服务器。

（2）将串口服务器的网络接口与计算机的网络接口用网线直接连接。

（3）将 ADAM-4017 模块引出的 RS-485/232 转换器的串口和超高频读写器的串口分别连接到串口服务器的串口上。

（4）对串口服务器进行配置，串口服务器的 IP 地址与计算机的网络 IP 地址必须在同一网段，能够 ping 通。

（5）配置串口服务器各串口的接口类型为 RS-232。

（6）配置串口服务器各串口的波特率。

（7）保存配置，重启串口服务器。计算机即可访问 ADAM-4017 模块和超高频读写器。

🎓 学习评价 6

填写本任务学习评价表，如表 3-15 所示。

表 3-15　学习评价表

自我评价（25 分）		小组评价（25 分）		教师评价（50 分）	
明确任务目标（5 分）		出勤与课堂纪律（5 分）		态度端正，积极主动参与（10 分）	
能够跟进课堂节奏，完成相应练习（10 分）		善于合作与分享，负责任有担当（10 分）		能够理解和接受新知识（10 分）	
				能够独立完成基本技能操作（15 分）	
了解重点知识，能够讲述主要内容（10 分）		讨论切题，交流有效，学习能力强（10 分）		善于思考分析与解决问题（10 分）	
				能够联系实际，有创新思维（5 分）	
合计得分		合计得分		合计得分	
本人签字		组长签字		教师签字	

💡 知识链接 6

1. 串口服务器简介

串口服务器是为 RS-232/485/422 到 TCP/IP 之间完成数据转换的通信接口转换器。提供 RS-232/485/422 终端串口与 TCP/IP 网络的数据双向透明传输，提供串口转网络功能，RS-232/485/422 转网络的解决方案，可以让串口设备立即连接网络，如图 3-32 所示。

图 3-32　串口转网络功能

2．串口服务器工作原理

串口服务器使得基于 TCP/IP 的串口数据流传输成为可能，它能连接多个串口设备并将串口数据流进行选择和处理，把现有的 RS-232 接口的数据转化成 IP 端口的数据，然后进行 IP 化的管理、IP 化的数据存取，这样就能将传统的串行数据传送至流行的 IP 通道中，而无须过早淘汰原有的设备，从而提高现有设备的利用率，节约投资，还可在既有的网络基础上简化布线。串口服务器完成的是一个面向连接的 RS-232 链路和面向无连接以太网之间的通信数据的存储控制，系统对各种数据进行处理，对来自串口设备的串口数据流进行格式转换，使之成为可以在以太网中传播的数据帧；对来自以太网的数据帧进行判断，并转换成串行数据送达响应的串口设备。串口服务器应用举例如图 3-33 所示。

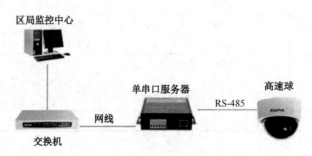

图 3-33　串口服务器应用举例

3．串口服务器使用方法

1）直连方式

直连方式就是将计算机上的网线口与串口服务器上的以太网口直接相连，如图 3-34 所示。

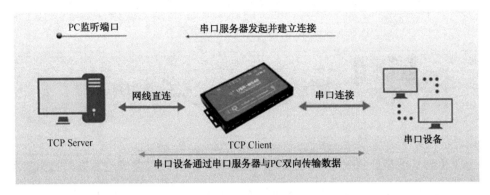

图 3-34　直连方式

通过驱动程序将串口服务器上的串口映射为 COM3、COM4 端口等，便可像普通串口一样对其进行操作。如果将串口设定为 RS-422 或 RS-485，同样可以将其映射为 COM3、COM4 端口等，所以对于上位机来说不管串口服务器以什么样的串口方式输出，其操作方式与对计算机自身 COM1、COM2 端口的操作方式一样，大大简化了上位机的编程工作量。串口服务器真正的优势及价值并不是表现在直连方式的应用上，将设备连接到以太网上是它的重要目的。

2）以太网连接方式

通过串口服务器将数控等设备连接到以太网上，需要将串口服务器连接到集线器或交换机等网络设备上，通过设置串口服务器的 IP 地址，使串口服务器成为以太网上的一个节点，使连接到该串口服务器的数控系统连接到以太网上，这样就能将不同的设备、不同形式的串口（如 RS-232、RS-422 和 RS-485）连接到以太网上，实现异构组网，如图 3-35 所示。

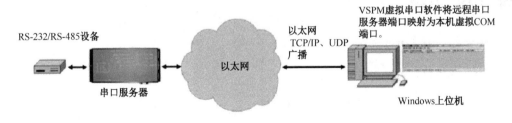

图 3-35　以太网连接方式

任务卡 3.7　转达四方——无线路由器

工业和信息化部于 2020 年发布的统计数据显示：我国已建成全球最大的 5G 网络，截至 2020 年底，开通 5G 基站超过 71.8 万个，实现所有地级以上城市 5G 网络全覆盖，5G 终端连接数超过 2 亿。作为物联网应用必不可少的通信技术，5G 网络不仅给我们带来了更快的网速，还推动着物联网时代的飞速发展，使得智能家居、智能工业、智慧医疗及智慧城市等智能化应用越来越快越来越好地呈现在人们面前。

✦ 任务提出 7

物联网要实现物物相连，需要网络作为连接的桥梁，路由器是互联网的主要节点设备，它能在多网络互联环境中建立灵活的连接，是互联网的枢纽。本任务将学习物联网项目中无线路由器的配置，熟悉无线路由器与其他设备的连接，体会其在物联网中的作用。

问题 1：Wi-Fi 是什么？

问题 2：常用的路由器怎么配置？

拓展问题：路由器在物联网应用中的作用是什么？

⏰ 任务目标 7

（1）认识路由器设备。

（2）理解路由器的作用和工作原理。

（3）能够正确安装、连接和配置路由器。

任务准备包括：网线、路由器和计算机（安装 Windows 7 操作系统）。

🖥 **任务实施 7**

1. 认识路由器。

路由器如图 3-36 所示。

图 3-36　路由器

2. 路由器的配置

路由器的基本配置步骤如下。

（1）恢复出厂设置。路由器接通电源后，将路由器的重置按钮长按 10 s，即完成系统重置。路由器重置按钮如图 3-37 所示，通常路由器出厂设置的 IP 地址为 192.168.0.1。

图 3-37　路由器重置按钮

（2）将计算机用网线连接至路由器的 LAN 口。路由器 LAN 口如图 3-38 所示，注意是要连接局域网的接口，不是连接 Internet 的 WAN 口。

图 3-38　路由器 LAN 口

（3）设置计算机的 IP 与路由器的 IP 在同一网段（例如，设置为 192.168.0.2，或使计算机自动获取 IP）。

（4）在计算机上打开 IE，输入 192.168.0.1，进入路由器管理界面。输入用户名和密码（用户名：admin；密码：空）后单击"登录"按钮。登录界面如图 3-39 所示。

图 3-39　登录界面

（5）选择"网络设置"选项，将路由器 IP 地址修改为要求设置的值 192.168.14.1，之后单击"保存设置"按钮，如图 3-40 所示。IP 地址修改成功后，系统会要求重新登录，使用新的 IP 重新登录路由器。此时要注意，路由器的 IP 修改后，计算机的 IP 要做相应修改，才能与路由器连通。

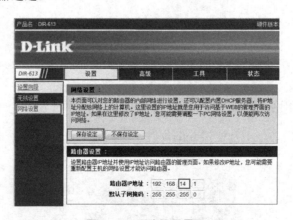

图 3-40　网络设置界面

（6）选择"无线设置"选项，设置网络名称和网络密钥，将网络名称设置为 EDUTLD，密钥为 0123456789，如图 3-41 所示。单击"保存"按钮，路由器将会重启，需重新登录后查看配置结果。

图 3-41　无线设置

3．连接测试

（1）将另一台计算机用网线连接到路由器 LAN 口，设置计算机 IP 与路由器 IP 在同一网段，用 ping 命令测试连通性。

（2）使用手机的 Wi-Fi 功能，连接上述设置的无线网络，查看连接情况。

（3）小组之间可以交叉使用配置好的路由器进行联网测试，在表 3-16 中记录测试结果，并总结路由器配置中的常见问题和解决办法。

表 3-16　测试结果

	终端设备	无线-（SSID）	有线-（IP）	连通性	不通原因与解决办法
测试一	手机/计算机				
测试二	手机/计算机				

📖 任务总结 **7**

1．总结

路由器是很常见的网络设备，具有路由转发的功能，在物联网应用中被广泛选择。本任务通过实操学习了路由器的工作过程、结构和配置使用。路由器是人们实际生活中使用网络的必需设备，希望学习者能够熟练掌握它的配置步骤。

2. 目标达成测试

（1）常用路由器的接口包含＿＿＿＿＿、＿＿＿＿＿、＿＿＿＿＿、＿＿＿＿＿。

（2）路由器的"无线网络标识"简称为＿＿＿＿＿。

（3）路由器的 LAN 口是指＿＿＿＿＿＿接口，WAN 口是指 ＿＿＿＿＿＿接口。

（4）在使用路由器的过程中，如果需要将其还原至出厂设置状态，应该长按路由器的＿＿＿＿＿按钮大约 2 秒钟。

（5）在路由器配置中，了解路由器有几种不同的加密方式。

（6）拓展作业：小组探究本任务中的路由器是否具有 DHCP 功能，如何设置？将探究结果进行分享。

能力拓展 7

（1）某实验中需要组建局域网，包含两台计算机、一台串口服务器和两部手机，请用路由器将上述网络设备进行连接，绘制拓扑图并规划网络地址，对路由器和各设备进行配置，实现各设备互联互通。请在表 3-17 中将 IP 规划信息补充完整。

表 3-17　IP 规划信息

	连接方式	IP 配置方式	IP 地址/掩码
路由器	SSID：Wulian01	手动配置	
计算机 1	网线	手动配置	
计算机 2	网线		
串口服务器	网线		
手机 1	无线	自动获取	

（2）在物联网系统规划中经常需要进行网络规划，即为所有的网络设备或节点分配 IP 地址，请扫描二维码 3-3，通过文档了解网络规划步骤。

二维码 3-3　网络规划步骤

（3）在生活中有没有"蹭网"或"被蹭网"的经历？就怎样"蹭网"或怎样防止"被

蹭网"进行讨论研究和经验分享。你知道"Wi-Fi 万能钥匙"吗？在情况允许的时候，使用手机下载这一 App，体验它的功能。

学习评价 7

填写本任务学习评价表，如表 3-18 所示。

表 3-18　学习评价表

自我评价（25分）		小组评价（25分）		教师评价（50分）	
明确任务目标（5分）		出勤与课堂纪律（5分）		态度端正，积极主动参与（10分）	
能够跟进课堂节奏，完成相应练习（10分）		善于合作与分享，负责任有担当（10分）		能够理解和接受新知识（10分）	
				能够独立完成基本技能操作（15分）	
了解重点知识，能够讲述主要内容（10分）		讨论切题，交流有效，学习能力强（10分）		善于思考分析与解决问题（10分）	
				能够联系实际，有创新思维（5分）	
合计得分		合计得分		合计得分	
本人签字		组长签字		教师签字	

知识链接 7

1．路由器

1）简介

路由器又称网关设备，是一种基于网络层的互联设备，负责完成 OSI/RM 中网络层中继即第三层中继任务，区分逻辑子网，实现不同网络之间数据包的存储和转发。在网络通信中，路由器具有路由功能，即判断网络地址和选择 IP 路径的作用，可以在多个网络环境中，通过不同的数据分组及介质访问方式对各个子网进行连接。

2）路由器的基本结构

电源接口（POWER）：此接口连接电源适配器。

复位键（RESET）：此按键可以还原路由器的出厂设置。

外部网络的接口（WAN）：此接口用一条网线与外部网络进行连接。

局域网接口（LAN1～4）：此接口用来连接网络终端。

3）路由器的工作过程

网络中设备的相互通信不仅需要建立物理连接，还要建立逻辑连接。路由器根据具体的 IP 地址来转发数据。在 Internet 中，IP 地址由网络地址和主机地址两部分组成，子网掩码确定一个 IP 地址中的网络地址和主机地址(子网掩码与 IP 地址一样都是 32 位的，并且这两者是一一对应的，子网掩码中"1"对应 IP 地址中的网络地址，"0"对应的是主机地址，网络地址和主机地址构成了一个完整的 IP 地址)。

在同一个网络中，IP 地址的网络地址必须是相同的，或者说网络地址相同的 IP 地址属于同一个网络，它们在物理连接的基础上可以直接通信。而不同网络地址的 IP 地址是不能直接通信的，如果想要使处于不同网段的计算机进行通信，必须经过路由器转发。

路由器的主要作用是转发数据包，能够将每一个 IP 数据包由一个端口转发到另一个端口。转发行为既可以由硬件完成，也可以由软件完成，显然硬件转发的速度要快于软件转发的速度，无论哪种转发都根据"转发表"或"路由表"来进行，该表指明了到某一目的地址的数据包将从路由器的某个端口发送出去，并且指定了下一个接收路由器的地址。每一个 IP 数据包都携带一个目的 IP 地址，沿途的各个路由器根据该地址到表中寻找对应的路由，如果没有合适的路由，路由器将丢弃该数据包，并向发送该数据包的源主机回送一个通知，表明目的地址"不可达"。路由器的工作过程如图 3-42 所示。

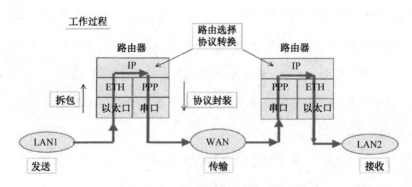

图 3-42　路由器的工作过程

4) 防止蹭网

使用路由器的时候最苦恼的就是自己的网络被别人蹭用，家用路由器应该怎样进行设置来防止别人盗用网络呢？可以通过下面几个方法。

（1）修改密码。

密码被盗用，最简单的方法就是修改密码，使用 WPA2 这类比较新的加密技术，不过别人可以破解一次密码，就可以破解第二次，这个方法不够彻底。

（2）MAC 物理地址绑定和过滤。

一种方式是绑定自己使用设备的 MAC 地址，另一种方式是过滤别人的地址。通过查看路由器的工作状态，可以得到蹭网者的 IP 和 MAC 地址，使用路由器的 MAC 地址过滤表，可以把对方的主机过滤掉。

（3）关闭 DHCP 使用静态 IP。

DHCP 的功能是自动分配 IP 给主机，关闭路由器的 DHCP 功能，同时修改 SSID 号和密码，或者修改 LAN 口的网段地址，使用固定 IP 上网，这样别人不知道路由器的网络地址，就算获得账号密码也不能上网。

（4）关闭 SSID 广播。

去掉路由器无线设置基础参数里面的 SSID 广播选项，即关闭 SSID 广播，用户便无法搜索到 SSID 号，使用时需要手动建立连接。

温故知新——单元贯穿

Ａ 知识过关

1．本单元使用的 RS-485/232 转换器，一端为有_____孔的 232 接口，一端为有_____个接线端口的 485 接口。

2．模拟信号是指_____的信号，数字信号是指_____的信号。

3．ADAM-4150 模块上的 DI 端口表示数据_____（输入/输出）通道，DO 端口表示数据_____（输入/输出）通道。

4．ADAM-4150 模块上 GND 端口表示_____，在使用时，此端口应接_____。

5．串口服务器提供_____转_____功能，能够将 RS-232/485/422 串口转换成

_____协议网络接口。

6．计算机与串口服务器通过网线相连，要测试两者是否连通，可以在计算机上使用_____命令。

    A．ping   B．telnet   C．http   D．internet

技能达标

1．本单元中用 RS-485/232 转换器连接 ADAM-4150/4017 模块和计算机时，232 端口连接到_____，485 端口的 485+ 和 485- 分别连接_____的 Data+/Data-。

2．下图所示的传感器属于模拟量传感器的是_____，属于数字量传感器的是_____。

A.

B.

C.

D.

E.

F.

3．常见路由器上的接口中标识为 LAN 口的是_____接口，标识为 WAN 口的是_____接口。

4．一台路由器的 IP 地址为 192.168.100.254/24，现要通过计算机对无线路由器进行配置，计算机的 IP 地址设置为_____，可以使计算机和路由器网络连通。

    A．192.168.100.254/24   B．192.168.200.1/24

    C．172.16.100.254/24   D．192.168.100.1/24

5．如何用万用表测试火焰传感器的功能，在下方写出测试步骤。

核心素养

1. 本单元实训任务中使用的二氧化碳传感器属于_____（模拟量/开关量）传感器，测得的二氧化碳值是_____（连续性/离散性）数据。

2. A图表示_____信号量，B图表示_____信号量。

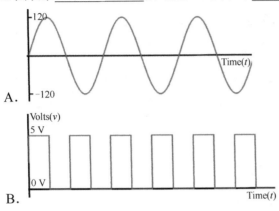

A.

B.

3. 在某物联网应用系统中包含多个RS-232接口设备时，请选择一种合适的设备实现这些设备同时与计算机的连接。

    A．串口服务器   B．电磁继电器

    C．RS-458/232转换器   D．路由器

4. 某智能控制系统通过计算机应用程序控制远处风扇的开关，下面是指令在系统中可能经过的各设备节点，你认为指令到达被控设备的顺序为：_____。

    A．计算机COM端口   B．应用程序

    C．ADAM-4150模块   D．计算机以太网接口

    E．路由器LAN口   F．串口服务器RS-232接口

    G．RS-485/232转换器   H．电磁继电器

    I．采集器ADAM-4150模块的DO端口   J．风扇

    K．计算机USB接口

5. 在温度采集实验中，测得ADAM-4017模块连接温度传感器信号端口的电压值为5 V。当输出信号为5 V时，此时的温度是多少？在下方写出计算过程（此温度传感器的温度量程为-40~+80℃，温度输出电压范围为0~10 V）。

🌏 创新实践

1. 某小区计划在居民区推广家居安防监控系统，即在居民家门口安装自动录像系统。系统运行时，当有人进入识别范围内时，就会自动开启室内的指示灯并开启门口的摄像头进行录像，并在来访人员离开后或主人手动控制下停止录像。请利用所学知识，运用相关实训设备进行该系统的规划布局、安装接线、配置调试。

提示：

（1）请在实训室模拟完成系统的规划设计；

（2）选择必要的设备；

（3）明确各设备的功能进行布局设计；

（4）绘制接线图，安装设备并接线；

（5）对各网络设备进行网络配置；

（6）应用程序设计与调试（参考 3 单元资源文件 3.4）；

（7）实训设备中网络摄像头的驱动程序见 3 单元资源文件夹）。

2. 海边的居民常常因为家中潮湿而给生活带来不便。请设计一套自动除湿系统，改善海边居民的居住条件。各小组根据需求从以下几方面给出设计并付诸实施，如果缺少某些设备，可以用相似设备代替，但要注明。

（1）设计思路（在下方简述设计思路）。

（2）选用设备（在下列设备清单中勾选出需要的设备）。

火焰传感器　烟雾传感器　温湿度传感器　风扇　LED 照明灯　电磁继电器 ADAM-4017 模块　　ADAM-4150 模块　人体红外传感器　空气质量传感器　RS-232/482 转换器　　计算机 加热器　加湿器　报警灯　路由器　串口服务器

（3）在下方绘制设备布局图与接线图（如果用 Visio 软件绘制，请将图打印粘贴到下方，根据需要可补充接线说明）。

布局图

接线图

（4）应用程序设计（在下方手工绘制应用程序界面图或用 Axure 软件绘制后打印粘贴到下方）。

应用程序界面图

（5）系统调试情况总结（对任务实施情况进行总结记录）。

大赛真题

1. 串口服务器的配置

利用"竞赛资料"中提供的串口服务器驱动软件，将 IP 地址设定为"10.1.【工位号】.7",并按下表内容要求,设置串口服务器的 COM 端口分别为"COM2、COM3、COM4、COM5";完成配置后,要求将串口服务器的软件配置界面进行截屏保存并粘贴至 U 盘"提交资料"文件夹指定文档中。

备注:如果选手可以使用"竞赛资料"中提供的"串口服务器 64 位驱动"软件配置串口服务器,可以选择使用"中金 TS 产品驱动"文件夹中的 32 驱动软件进行配置(本题中的相关软件见 3 单元资源文件夹)。

序号	设备	连接端口	端口号及波特率
1	LED 照明灯	P1	COM2,9600
2	超高频读写器	P2	COM3,57600
3	RS-485 转换器	P3	COM4,9600
4	ZigBee 协调器	P4	COM5,38400

2. IP 扫描

利用竞赛资料中提供的 IP 扫描工具(Advanced IP Scanner 文件夹),扫描检查局域网中的各终端 IP 地址,要求须检测到串口服务器所在局域网中的相关网络设备(路由器、PC)的 IP 地址并截图,粘贴至 U 盘"提交资料"文件夹指定文档中(本题中的相关软件见 3 单元资源文件夹)。

🎓 学习评价

填写本任务学习评价表,如表 3-19 所示。

表 3-19　学习评价表

自我评价(25 分)		小组评价(25 分)		教师评价(50 分)	
明确任务目标(5 分)		出勤与课堂纪律(5 分)		态度端正,积极主动参与(10 分)	
能够跟进课堂节奏,完成相应练习(10 分)		善于合作与分享,负责任有担当(10 分)		能够理解和接受新知识(10 分)	
				能够独立完成基本技能操作(15 分)	
了解重点知识,能够讲述主要内容(10 分)		讨论切题,交流有效,学习能力强(10 分)		善于思考分析与解决问题(10 分)	
				能够联系实际,有创新思维(5 分)	
合计得分		合计得分		合计得分	
本人签字		组长签字		教师签字	

第 **4** 单元

CC2530 单片机基础

无线传感器网络（Wireless Sensor Network，WSN）是物联网的一个重要的组成部分，是物联网的感知控制层中实现"物"的信息采集、"物"与"物"之间相互通信的重要技术手段。无线传感器网络是狭义上的物联网，它是物联网的雏形，也是物联网的重要基础，在各个领域都有广泛应用，如图 4-1 所示。WSN 中较典型的通信技术有 ZigBee、蓝牙和无线局域网等技术。ZigBee 技术是基于 IEEE802.15.4 标准建立的一种用于短距离、低功耗的无线通信技术。CC2530 是 TI 公司出的一款支持 ZigBee 技术的芯片。

本单元我们将一起学习 CC2530 的基础知识和技能。

图 4-1　无线传感器网络的应用

单元目标

（1）了解 WSN、ZigBee 和 CC2530，明确三者之间的关系。

（2）了解 CC2530 的 I/O 端口及端口所具备的特性。

（3）熟悉 CC2530 控制 I/O 端口的相关寄存器。

（4）能够坚持问题导向，聚焦任务目标，根据实际需求对 I/O 端口进行配置。

（5）能够使用 IAR 编写程序通过 CC2530 的 I/O 端口控制 ZigBee 模块上的 LED。

（6）理解中断的概念和中断处理过程。培养不忘初心，接续奋斗理念。

内容列表

第 4 单元内容如表 4-1 所示。

表 4-1　第 4 单元内容

内容	知识点	设备	资源
任务卡 4.1	WSN、ZigBee 和 CC2530 简介	ZigBee 模块、电源适配器/仿真器套件/开发用计算机/IAR 软件 SmartRF Flash Programmer 烧写工具软件	二维码文档/习题参考答案
任务卡 4.2	ZigBee 开发环境搭建		二维码文档/习题参考答案
任务卡 4.3	CC2530 通用 I/O 端口配置与使用，寄存器		二维码视频/习题参考答案
任务卡 4.4	通用 I/O 中断处理		二维码视频/习题参考答案
任务卡 4.5	单元复习检测		习题参考答案

单元评价

请填写第 4 单元学习评价表，如表 4-2 所示。

表 4-2　第 4 单元学习评价表

任务清单	自我评价（25 分）	小组评价（25 分）	教师评价（50 分）	任务总评价（100 分）
任务卡 4.1				
任务卡 4.2				
任务卡 4.3				
任务卡 4.4				
任务卡 4.5				
平均得分	$S_1=$	$S_2=$	$S_3=$	$S=$
请根据任务总评价平均得分确定单元评价等级 A（$S \geqslant 90$）　B（$80 \leqslant S < 90$）　C（$60 \leqslant S < 80$）　D（$S < 60$）				

紫蜂之舞——ZigBee 简介

英国哲学家培根说："真正的哲学家应当像蜜蜂一样，从花园里采集原料花粉，消化这些原料，然后酿成香甜的蜜。"人类不仅像培根这样用"蜂生"哲学来建立和丰富自己的人生哲学，还直接用蜜蜂来丰富自己的人生。这种"丰富"，更是贯穿于政治、军事、文化和科技等各个方面。ZigBee 技术就是一种模仿蜜蜂通过跳舞来沟通交流的通信技术。

🔭 任务提出 **1**

WSN 的持续发展为家居生活、医疗健康、农业大棚、桥梁维护、高速路照明等各个领域提供了高效可靠的平台。ZigBee 因为有着低功耗、低成本、安全可靠的特点，成为市场上流行的无线通信技术的典型代表。

问题 1：什么是 WSN？

问题 2：ZigBee 是什么？为什么叫 ZigBee？

拓展问题：查阅资料，了解 WSN 的特点，以及 WSN 与 ZigBee 的关系。

⏰ 任务目标 **1**

（1）了解什么是无线传感器网络（WSN）。

（2）了解 ZigBee 技术与协议标准。

（3）认识 ZigBee 模块与 CC2530 芯片。

🖥 任务实施 **1**

1．了解无线传感器网络

（1）观察图 4-2 中的各个无线传感器网络应用案例，图中分别体现了无线传感器网络在哪些领域的应用？请将图片序号填入对应括号中。

A. 智能家居（ ） B. 农业种植（ ） C. 医院巡检（ ） D. 工业管理（ ）

①

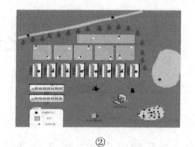
②

③

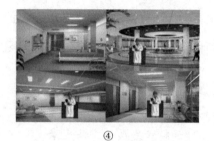
④

图 4-2　无线传感器网络应用案例

（2）通过观察图 4-3 和阅读知识链接内容可知，无线传感器网络主要由_____、

_____、_____三部分组成。

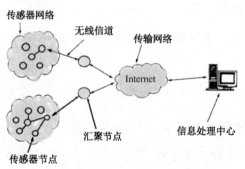

图 4-3　无线传感器网络组成

2. 认识 ZigBee 模块与 CC2530 芯片

（1）根据图 4-4，了解 ZigBee 模块的结构。

（2）领取实训用 ZigBee 模块，仔细观察模块上的 CC2530 芯片，指出芯片的名称和型号。

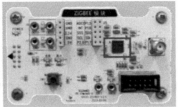

图 4-4　ZigBee 模块

（3）通过浏览知识链接，了解 ZigBee 技术有哪些特点，在表 4-3 的描述中勾选合适的选项。

表 4-3　ZigBee 技术特点

（低/高）功耗	（低/高）成本	可靠性（较高/不高）	容量（大/小）
时延（大/小）	安全性（低/高）	有效范围（大/小）	兼容性（较高/不高）

（4）结合知识链接内容，观察图 4-5 组网拓扑，发现在 ZigBee 网络中，节点按照不同的功能可以分为_____、_____、_____3 种。每个 ZigBee 网络由 1 个网络协调器节点、多个路由器和多个终端设备节点组成。

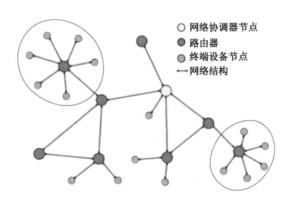

○ 网络协调器节点
● 路由器
◉ 终端设备节点
—— 网络结构

图 4-5　ZigBee 组网拓扑

（5）结合 ZigBee 模块上的 CC2530 芯片区，观察图 4-6 CC2530 芯片引脚，可知 CC2530 芯片共有_____个引脚。其中有 4 个（GND）接地引脚，6 个（AVDD）模拟电源连接引脚，2 个（DVDD）数字电源连接引脚，21 个（I/O）输入/输出引脚，2 个（XOSC_Q）外部 32 MHz 晶振引脚，1 个（DCOUPL）1.8 V 数字电源去耦引脚，1 个（RBIAS）模拟 I/O 参考电流的外部精密偏置电阻引脚，1 个（RESET_N）数字输入复位引脚，1 对（RF_N 和 RF_P）射频天线输入/输出引脚。

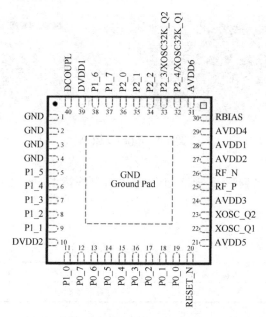

图 4-6　CC2530 芯片引脚

3．了解 WSN、ZigBee、CC2530 的关系

（1）WSN 是 Wireless Sensor Network 的简称，即无线传感器网络，它是物联网的关键技术。

（2）ZigBee 技术是一种基于 IEEE 802.15.4 协议栈的短距离无线网络通信标准，主要是针对低速率的通信网络设计的。

（3）CC2530 是 TI 公司推出的一款包含 51 单片机内核的芯片，支持 ZigBee 技术，而且 TI 提供了很好的 ZigBee 协议栈及解决方案。

📖 任务总结 1

1．总结

如果把物联网的整个体系架构比作人体，无线传感器网络就是人体中的神经末端感知系统。实现物联网中无线传感器网络的方法有很多，就无线通信协议而言，有 Wi-Fi、蓝牙、ZigBee、UWB、NFC 等，但 ZigBee 仅仅在低功耗这一点就已经比其他技术更有优势了。

2．目标达成测试

（1）WSN 指的是＿＿＿＿＿＿＿＿＿。

（2）ZigBee 技术的特点有＿＿＿＿＿＿＿＿。

A. 低功耗　　　　B. 低成本　　　　C. 可靠性高　　　　D. 容量大

E. 时延小　　　　F. 安全性高　　　　G. 有效范围小　　　　H. 兼容性较高

（3）无线个域网简称_____，是为了实现活动半径小、业务类型丰富、面向特定群体、无线无缝的连接而提出的新兴无线通信技术。

（4）在 ZigBee 网络中，根据节点的不同功能可以将节点分为_____、_____、_____3 种。每个 ZigBee 网络由_____个网络协调器节点、_____个路由器和多个终端设备节点组成。

（5）拓展作业：仔细观察本任务实训用 ZigBee 模块，了解其主要组成部分，其供电电源是多少？

能力拓展 1

除了 ZigBee 技术，物联网应用中还有哪些无线通信技术，通过自主学习了解其他无线通信技术的特点和应用领域。

学习评价 1

请填写本任务学习评价表，如表 4-4 所示。

表 4-4　学习评价表

自我评价（25 分）		小组评价（25 分）		教师评价（50 分）	
明确任务目标（5 分）		出勤与课堂纪律（5 分）		态度端正，积极主动参与（10 分）	
能够跟进课堂节奏，完成相应练习（10 分）		善于合作与分享，负责任有担当（10 分）		能够理解和接受新知识（10 分）	
				能够独立完成基本技能操作（15 分）	
了解重点知识，能够讲述主要内容（10 分）		讨论切题，交流有效，学习能力强（10 分）		善于思考分析与解决问题（10 分）	
				能够联系实际，有创新思维（5 分）	
合计得分		合计得分		合计得分	
本人签字		组长签字		教师签字	

知识链接 1

1. WSN

1）WSN 概述

无线传感器网络（Wireless Sensor Networks，WSN）是一种分布式的网络，通过无线通信技术把众多的传感器节点进行自由式组织与结合。它的末梢是可以感知和检查外部世界的传感器。WSN 中的传感器通过无线方式进行通信，因此网络设置灵活，设备位置可以随时更改，还可以跟互联网进行有线或无线连接，如图 4-7 所示。

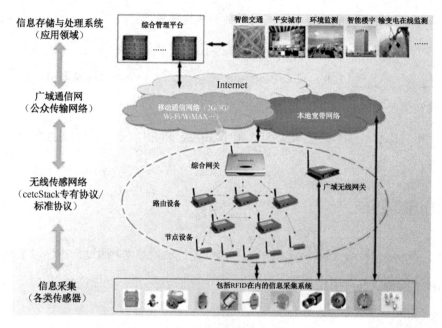

图 4-7　无线传感器网络与物联网的关系

构成无线传感器网络的节点单元分别为：数据采集单元、数据传输单元、数据处理单元及能量供应单元。其中，数据采集单元通常采集监测区域内的信息并加以转换，比如光强度、大气压力与湿度等；数据传输单元则主要以无线通信和交流信息及发送接收采集的数据信息为主；数据处理单元通常处理的是全部节点的路由协议、管理任务及定位装置等；能量供应单元为缩减传感器节点占据的面积，通常选择微型电池的构成形式。

无线传感器网络实现了数据的采集、处理和传输三种功能。它与通信技术和计算机技术共同构成信息技术的三大支柱。

无线传感器网络拥有众多类型的传感器，可探测地震、电磁、温度、湿度、噪声、光强度、压力、土壤成分、移动物体的大小、速度和方向等周边环境中多种多样的现象。其在军事、航空、防爆、救灾、环境、医疗、保健、家居、工业、商业等各个领域都具有潜在的发展前景。

2）无线个域网

无线个域网（Wireless Personal Area Network，WPAN）是为了实现活动半径小、业务类型丰富、面向特定群体、无线无缝的连接而提出的新兴无线通信技术。无线个域网主要解决最后几十米的通信问题，目前主要包括蓝牙、ZigBee、UWB、Z-wave、NFC（近距离通信）和红外通信等技术，具有低成本、低功耗、通信距离短等特点。

2. ZigBee

1）ZigBee 技术简介

ZigBee 是一种新兴的短距离无线网络通信技术，它是基于 IEEE 802.15.4 协议栈，主要针对低速率的通信网络设计的。其功耗低，是最有可能应用在工控场合的无线方式。ZigBee 的 2.4 GHz 频带提供的数据传输速率为 250 kbps；915 MHz 频带提供的数据传输速率为 40 kbps；868 MHz 频带提供的数据传输速率为 20 kbps。

2）ZigBee 技术的特点

（1）功耗低。ZigBee 网络节点设备工作周期较短、收发数据信息功耗低，且使用了休眠模式（当不需要接收数据时，网络节点处于休眠状态，当需要接收数据时，由"协调器"唤醒它们），因此，ZigBee 技术特别省电，据估算，ZigBee 设备仅靠两节 5 号电池就可以维持长达 6 个月到 2 年的使用时间，这是其他无线设备望尘莫及的，避免了频繁更换电池或充电，从而减轻了网络维护负担。

（2）成本低。由于 ZigBee 协议栈设计非常简练，所以其研发和生产成本较低。普通网络节点硬件只需 8 位微处理器，4～32 KB 的 ROM，且软件实现也很简单。随着产品产业化，ZigBee 通信模块的销售价格预计能降到 10 元以下，并且 ZigBee 协议是免专利费的。

（3）可靠性高。由于采用了碰撞避免机制，并且为需要固定带宽的通信业务预留了专用时隙，避免了收发数据时的竞争和冲突，且 MAC 层采用完全确认的数据传输机制，每个发送的数据包都必须等待接收方的确认信息，所以从根本上保证了数据传输的可靠性。如果传输过程中出现问题，可以进行重发。

（4）容量大。1 个 ZigBee 网络最多可以容纳 254 个从设备和 1 个主设备，1 个区域内最多可以同时存在 100 个 ZigBee 网络，而且网络组成灵活。

（5）时延小。ZigBee 技术与蓝牙技术的时延相比，其各项指标值都非常小。通信时延和休眠激活的时延都非常短，通信时延为 30 ms，休眠激活的时延是 15 ms，因此 ZigBee 技术适用于对时延要求苛刻的无线控制（如工业控制场合等）应用。

（6）安全性好。ZigBee 技术提高了数据完整性检查和鉴权功能，使用 AES-128 加密算法，且各应用可以灵活地确定安全属性，从而使网络安全能够得到有效的保障。

（7）有效范围小。有效覆盖范围为 10～75 m，具体依据实际发射功率的大小和不同的应用模式而定，基本上能够覆盖普通的家庭或办公室环境。

（8）兼容性。ZigBee 技术与现有的控制网络标准无缝集成。通过网络协调器自动建立网络，采用载波侦听/冲突检测（CSMA/CA）方式进行信道接入。为了可靠传递，还提供全握手协议。

3）ZigBee 的网络拓扑结构

ZigBee 网络拓扑结构主要有星状、网状和树状，如图 4-8 所示。不同的网络拓扑结构对应于不同的应用领域，在 ZigBee 无线网络中，不同的网络拓扑结构对网络节点的配置也不同，具体的配置方法会在后续任务中讲解和练习。

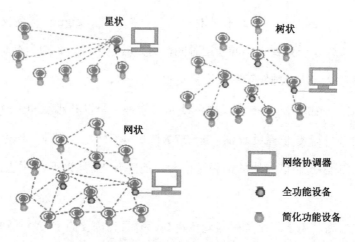

图 4-8   ZigBee 网络拓扑结构

4）ZigBee 的应用范围

ZigBee 已广泛应用于物联网产业链中的 M2M 行业，如智能电网、智能交通、智能家居、金融、移动 POS 机终端、供应链自动化、工业自动化、智能建筑、消防、公共安全、环境保护、气象、数字化医疗、遥感勘测、农业、林业、水务、煤矿、石化等领域，如图 4-9 所示。

图 4-10 是典型的 ZigBee 应用体系框架。

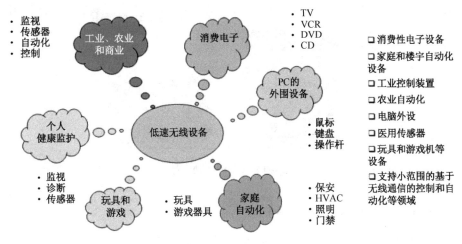

图 4-9 ZigBee 的应用领域

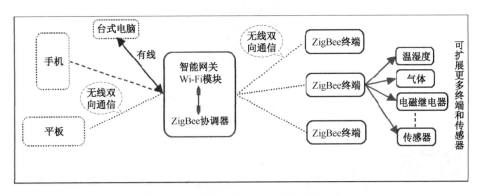

图 4-10 典型的 ZigBee 应用体系框架

3. ZigBee 和 IEEE 802.15.4 的关系

1）IEEE 802.15.4

IEEE 802.15.4 是 IEEE（Institute of Electrical and Electronics Engineers，电气与电子工程师协会）确定的低速率、无线个域网标准，它规定了通信协议栈的物理层和链路层的通信标准，是 ZigBee 的基础。

2）ZigBee

ZigBee 协议是基于 IEEE 802.15.4 标准的低功耗局域网协议。在 IEEE 802.15.4 标准的基础上增加了一些应用层和网络层应用信息，起到了扩充细化 IEEE 802.15.4 协议的作用。ZigBee 协议栈如图 4-11 所示。

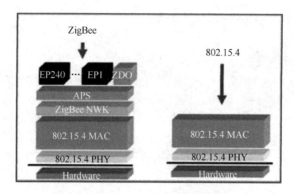

图 4-11　ZigBee 协议栈

4. ZigBee、蓝牙、Wi-Fi 的区别

扫描二维码 4-1，浏览文档了解 ZigBee、蓝牙、Wi-Fi 三种无线通信技术的区别。

二维码 4-1　ZigBee、蓝牙、Wi-Fi 三种无线通信技术的区别

任务卡 4.2　工作环境——ZigBee 开发环境搭建

　　工欲善其事，必先利其器。要学好 ZigBee 开发，必须首先掌握工具软件的使用，能够熟练地搭建开发环境。在物联网应用实训过程中要善于自主学习，打好基础，坚持理论与实践结合，勇于创新，不断探索新的物联网技术领域。

🔭 任务提出 2

　　CC2530 是 TI 公司开发的一款专门用于无线传感器网络中进行数据传输的集成芯片。CC2530 结合了 ZigBee 协议栈（Z-Stack™），提供了强大和完整的 ZigBee 解决方案。要让 CC2530 单片机完成特定的工作，需要为单片机植入相应功能的程序。开发人员利

用编程工具将编写好的控制代码编译生成二进制文件如.hex 文件，下载到 CC2530 单片机中。

本教材中使用 C 语言为 CC2530 编写程序。在这里我们使用 IAR 编写工具，IAR 是著名的 C 语言编译器，有多种版本。本课程使用的 CC2530 是 8051 内核，所以选用 IAR Embedded Workbench for 8051 版本。

问题 1：怎样为 CC2530 编写程序？

问题 2：IAR 的使用步骤是什么？

拓展问题：编写好的程序怎样下载到 ZigBee 的 CC2530 芯片中？烧写是什么操作？

☼ 任务目标 ❷

1. 掌握 IAR 开发环境的搭建，熟悉软件各功能面板的组成。

2. 掌握利用 IAR 开发环境为 CC2530 芯片编写程序的流程。

3. 会使用仿真器和程序下载工具进行烧写操作。

☐ 任务实施 ❷

1. 准备工作

（1）本任务需要设备：ZigBee 模块与工作电源适配器一套，CCDebugger 仿真器一套。如图 4-12 所示。

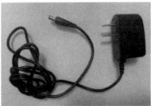

图 4-12　ZigBee 开发硬件设备

（2）安装好 IAR 编程软件。

通过扫描二维码 4-2 浏览文档，了解并学习 IAR 软件的安装步骤。从资源包中找到 IAR 软件安装包，在开发机上安装 IAR 软件，安装成功后界面如图 4-13 所示。

二维码 4-2 IAR 软件的安装步骤

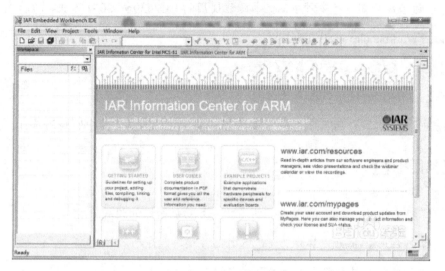

图 4-13 IAR 软件界面

（3）安装烧写工具软件。

从资源包中找到烧写工具的安装文件"Setup_SmartRFProgr_1.12.7.exe"，在开发机上进行安装，安装后界面如图 4-14 所示。

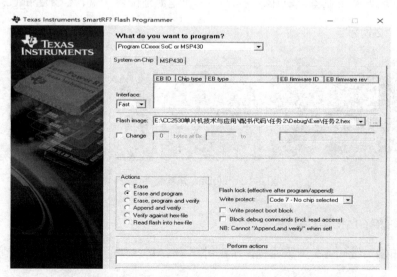

图 4-14 SmartRF Flash Programmer 烧写工具软件界面

2. 编写第一个程序——点亮一颗 LED

（1）新建工作区，打开已经安装好的 IAR 软件，使用菜单中的"File"→"New"→"Workspace"命令来新建工作区。

（2）新建工程，单击菜单栏中的"Project"→"Create New Project"命令，选择默认选项，单击"OK"按钮。输入工程文件名，此处为 test4_2，选择路径后进行保存，如图 4-15 所示。

图 4-15　新建工程

（3）新建源程序文件，单击菜单栏中的"File"→"New"→"File"命令，新建一个源文件，在右侧编辑区中输入语句。保存文件到工程文件路径下，命名为 test4_2.c。

（4）为 test4_2 工程添加程序，右击"test4_2 工程"选项，单击"Add"→"Add File…"命令，将 test4_2.c 文件添加到工程中，如图 4-16 所示。

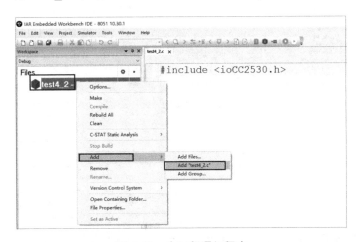

图 4-16　为工程添加程序

（5）保存工作区，按"CTRL+S"组合键进行保存，工作区名为：test4_2。

（6）配置工程选项，单击菜单栏中的"Project"→"Options"命令，选择"General Options"选项。如图 4-17 所示，单击"Device"右侧选择按钮，在"Texas Instruments"选项卡中，选择"CC2530F256"选项。

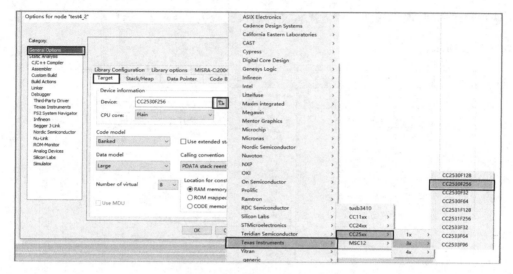

图 4-17　配置 General Options

（7）配置 Debugger，选择"Debugger"选项，在"Setup"选项卡中的"Driver"栏中选择"Texas Instruments"选项，最后单击"OK"按钮，如图 4-18 所示。至此，编程环境的基本配置已经完成。

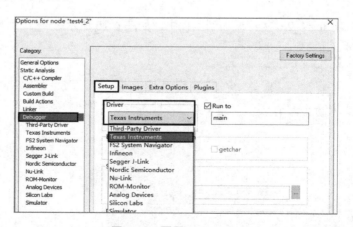

图 4-18　配置 Debugger

（8）编辑源程序，在源文件 test4_2.c 中添加代码（这里的代码作用是点亮 LED1），如图 4-19 所示。

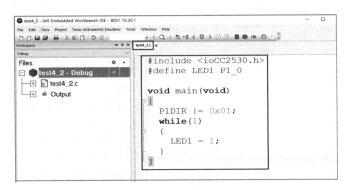

图 4-19　编辑源程序

（9）编译，通过菜单"Project"→"Make"进行程序编译，在 IAR 下方的"Build"窗口显示"Total number of errors：0"和"Total number of warning：0"，表示 0 错误和 0 警告，即当前程序无错误，如图 4-20 所示。

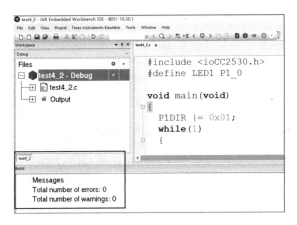

图 4-20　编译程序

3. 下载与仿真（两种方法）

方法一，直接在 IAR 中将程序下载到 ZigBee 中并调试。

（1）用仿真器 CC DEBUGGER 将 ZigBee 模块和开发计算机连接起来。

（2）在 IAR 界面中选择"Project"→"Download and Debug"选项，IAR 即将程序下载到 CC2530 中，同时进入仿真调试界面，如图 4-21 所示。

（3）单击工具栏中的"运行"按钮，运行程序，观察 ZigBee 模块上 LED 的亮灭状态。

图 4-21　仿真调试

方法二，生成.hex 文件后烧写。

（1）右击 test4_2 项目，在"Options"→"Linker"→"Extra Output"中选择"Generate extra output file"和"Override default"选项，将文本框中的后缀名改为.hex，将"Output format"设置为"intel-extended"。

（2）回到 IAR 编辑界面，单击"Rebuild All"按钮，则会在该工程的 Debug 目录下生成.hex 文件。

（3）使用烧写软件"SmartRF Flash Programmer"将.hex 烧写入 CC2530。

（4）按 ZigBee 模块上的复位键，观察 LED 的状态。

注意，下载与仿真结束后，程序会一直保留在芯片的 flash 内，直到下次烧写。

4．本任务卡中的程序编写过程可通过扫描二维码 4-3 观看视频。源程序与.hex 文件在 4 单元资源文件夹内的 4.2 中。

二维码 4-3　点亮一颗 LED 程序编写过程

📖 任务总结 2

1．总结

在 C 编译器 IAR 中编写 CC2530 的功能程序，大致包含三个步骤：工程创建、参数配置和代码编辑。本任务完成了第一个 CC2530 工程的创建与仿真，实现了 ZigBee 模块上 LED 的点亮，介绍了 IAR 开发环境的搭建和 CC2530 芯片程序的编写和烧录。

2．目标达成测试

（1）IAR Embedded Workbench 是著名的＿＿＿＿＿＿＿＿＿。IAR 根据支持的微处理器种类不同分为多种版本。

因为本教材中的实验设备 ZigBee 模板上装载的 CC2530 芯片用的是＿＿＿＿＿＿内核，所以要选用 IAR Embedded Workbench for 8051 版本的 IAR。

（2）在 IAR 中为 CC2530 编写程序并调试，大致包含的步骤（按顺序填写）有＿＿＿＿＿＿＿＿＿。

    A．工程创建   B．下载与仿真

    C．代码编辑   D．参数配置

（3）用 IAR 编写 CC2530 程序后，要将程序烧写到 CC2530 芯片中，需要编译生成的烧写文件的扩展名是＿＿＿＿＿＿＿＿。

（4）简述 IAR 创建项目的过程。

（5）拓展作业：CC2530 程序中的语句"#include<ioCC2530.h>"的作用是什么？

🏛 能力拓展 **2**

（1）用 IAR 新建工程 test2，编写 CC2530 程序，使得 ZigBee 模板上的所有 LED 都亮起。生成.hex 文件，并使用仿真器将文件烧写到芯片上。代码可参照知识链接相关内容。

（2）将十进制数 108 转换为二进制数和十六进制数。了解二进制、十六进制和十进制数据，并能熟练进行转换。

🎓 学习评价 **2**

请填写本任务学习评价表，如表 4-5 所示。

表4-5 学习评价表

自我评价（25分）		小组评价（25分）		教师评价（50分）	
明确任务目标（5分）		出勤与课堂纪律（5分）		态度端正，积极主动参与（10分）	
能够跟进课堂节奏，完成相应练习（10分）		善于合作与分享，负责任有担当（10分）		能够理解和接受新知识（10分）	
				能够独立完成基本技能操作（15分）	
了解重点知识，能够讲述主要内容（10分）		讨论切题，交流有效，学习能力强（10分）		善于思考分析与解决问题（10分）	
				能够联系实际，有创新思维（5分）	
合计得分		合计得分		合计得分	
本人签字		组长签字		教师签字	

💡 **知识链接 2**

点亮 ZigBee 模块上的 4 个 LED——代码参考。

```
#include "ioCC2530.h"      //引用CC2530头文件
#define LED1 (P1_0)        //LED1端口宏定义
#define LED2 (P1_1)        //LED1端口宏定义
#define LED3 (P1_3)        //LED1端口宏定义
#define LED4 (P1_4)        //LED1端口宏定义
void main(void)            //程序主函数
{
    P1SEL &= ~0xff;        //设置P1端口所有位为普通IO端口
    P1DIR |= 0xff;         //设置P1端口所有位为输出口
    while(1)               //程序主循环
    {
      LED1 = 1;            //点亮LED1
      LED2 = 1;            //点亮LED2
      LED3 = 1;            //点亮LED3
      LED4 = 1;            //点亮LED4
    }
}
```

任务卡 4.3

流水闪烁——I/O 端口的配置应用

CC2530 编程，本质上就是针对其寄存器的编程。《礼记·大学》中有"物有本末，事有终始，知所先后，则近道矣"。我们在学习用 IAR 等工具软件进行 CC2530 程序设计时，要善于透过现象看本质，做到真正理解寄存器的功能和使用方法，才能有清晰的编程思路，灵活处理问题。

🔭 任务提出 ❸

CC2530 模块是 ZigBee 模块的核心部分，CC2530 芯片有 21 个 I/O 引脚，其中部分引脚可以控制 ZigBee 模块上的 LED，本任务要实现对 LED 的控制，因此需要知道 CC2530 是如何向外输出控制信号的，LED 是如何与 CC2530 进行连接和工作的，以及怎样通过程序来控制 CC2530 输出所需要的信号。

问题 1：CC2530 有哪些 I/O 端口？

问题 2：CC2530 的 I/O 端口有什么特性？

问题 3：如何编写程序控制 I/O 端口对外输出信号？

拓展问题：要控制 CC2530 的 I/O 端口需要用到哪些寄存器？

⏰ 任务目标 ❸

（1）了解 CC2530 的 I/O 端口及端口所具备的特性。

（2）熟悉 CC2530 控制 I/O 端口的相关寄存器。

（3）能够坚持问题导向，聚焦设备原理，根据实际需求对 I/O 端口进行配置。

（4）能够使用 IAR 编写程序通过 CC2530 的 I/O 端口控制 ZigBee 模块的 LED。

（5）熟练.hex 文件的烧写。

🖥 任务实施 ❸

1. 了解 CC2530 的 I/O 端口

（1）观察图 4-22 中 CC2530 芯片的引脚布局。CC2530 单片机采用 QFN40 封装，外观是一个正方形，每个边上有 10 个引脚，总共 40 个引脚。

（2）CC2530 的 40 个引脚中有 21 个数字 I/O 引脚，这些引脚组成 3 个 8 位端口，分别为端口 0、端口 1 和端口 2，表示为 P0、P1 和 P2。其中，P0 和 P1 是完全的 8 位端口，而 P2 仅有 5 位可以使用。

（3）本任务中使用的 ZigBee 模块上有 4 个 LED，它们与 CC2530 芯片引脚的对应关系如图 4-23 所示。

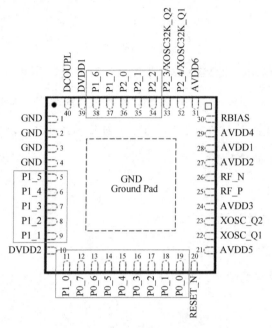

图 4-22　CC2530 引脚布局　　　　　　　图 4-23　LED 与 CC2530 引脚的对应关系

2. CC2530 通用 I/O 端口相关的寄存器

CC2530 的所有 I/O 端口都可通过 SFR 寄存器 P0、P1 和 P2 进行位和字节寻址。 每个端口引脚都可以单独设置为通用 I/O 或外设 I/O。用户可以通过配置相关的寄存器使用 I/O 端口。

（1）常用寄存器及其功能如表 4-6 所示。

表 4-6　常用寄存器及其功能

名称	功能描述
Px	端口数据，用来控制端口的输出或获取端口的输入
PxSEL	端口功能选择，用来设置端口是通用 I/O 端口还是外设 I/O 端口
PxDIR	端口方向，当端口为通用 I/O 端口时，用来设置数据传输方向

（2）寄存器配置。

PxSEL——端口功能选择寄存器，各位功能配置如表 4-7 所示。

表 4-7 PxSEL 功能配置

位	位名称	复位值	操作	描述
7:0	SELPx[7:0]	0X00	R/W	设置 Px_7 到 Px_0 端口的功能。 0：对应的端口为通用 I/O 功能； 1：对应的端口为外设功能

PxDIR——端口方向设置寄存器，各位功能配置如表 4-8 所示。

表 4-8 PxDIR 功能配置

位	位名称	复位值	操作	描述
7:0	DIRPx[7:0]	0X00	R/W	设置 Px_7 到 Px_0 端口的传输方向。 0：输入；1：输出

（3）配置举例。

例 1：P1SEL &= ～0x02；

此语句相当于 P1SEL = P1SEL &～0x02；作用是设置 P1SEL 寄存器的值为其原来值与～0x02 进行&运算的结果。

假设 P1SEL 原来的值为 xxxxxxxx，～0x02 转换为二进制数为 11111101，两者进行 &（按位与）运算后的值为 xxxxxx0x，即此运算设置了 P1SEL 寄存器的第 1 位为 0，也就是设置 P1_1 引脚为通用 I/O 端口。P1SEL &= ～0x02 运算过程如表 4-9 所示。

表 4-9 P1SEL &= ～0x02 运算过程

P1SEL 原值	x	x	x	x	x	x	x	x
与运算符	&							
～0x02 的二进制数	1	1	1	1	1	1	0	1
两者与运算后	x	x	x	x	x	x	0	x
P1SEL 结果值	x	x	x	x	x	x	0	x

例 2：P1DIR |= 0x02；

此语句为修改寄存器 P1DIR 的值为 xxxxxx1x，即设置了 P1DIR 寄存器的第 1 位为 1，目的是设置 P1_1 引脚的数据传输方向为输出。

例 3：P1_1=1；

此语句为设置寄存器 P1 第 1 位的值为 1，即使 P1_1 引脚输出 1（高电平）。

3．实现流水灯——2 个 LED 循环亮灭（间隔 1 秒，亮 1 秒）

（1）用 Visio 软件绘制本程序流程图，如图 4-24 所示。

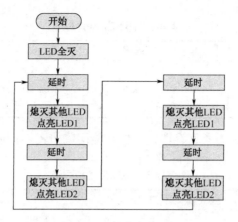

图 4-24　程序流程图

（2）阅读参考代码，分析程序中每句代码分别解决了什么问题。每个问题的解决对应哪些代码？

```
#include <ioCC2530.h>              //引用头文件
#define  uint  unsigned  int       //宏定义类型
#define  uchar  unsigned char      //宏定义类型
#define LED1  P1_0                 //定义LED1为D3由P1_0控制
#define LED2  P1_1                 //定义LED2为D4由P1_1控制
void delay(uint n)                 //延时函数
{
 uint i;
 for(i = 0;tt<n*n;i++)  ;
}
void main(void)                    //主函数
{
 P1DIR |= 0x03;                    //P1_0、P1_1定义为输出
 LED1 = 0;                         //LED1初始状态为灭
 LED2 = 0;                         //LED2初始状态为灭
 while(1)
 {
    delay(100);                    //延时
    LED 1= 1;                      //点亮LED1
    delay(100);                    //延时
    LED1 = 0;                      //熄灭LED1
    LED2 =1;                       //点亮LED2
    delay(100);                    //延时
    LED2 = 0;                      //熄灭LED2
 }
}
```

（3）将上述程序进行编译，下载到 ZigBee 模块上。观察 ZigBee 模块的 LED 亮灭状

态切换的效果。

（4）扫描二维码 4-4 可查看本任务流水灯程序运行效果，源程序代码参考 4 单元资源文件夹内的 4.3。

二维码 4-4　流水灯程序运行效果

（5）尝试修改上述程序内容，实现其他 LED 的亮灭闪烁效果。

📖 任务总结 3

1. 总结

本任务介绍了 CC2530 的引脚和 I/O 端口相关知识，介绍了 I/O 端口的使用方法，通过向 I/O 端口输出信号控制 LED 的亮灭。其中最关键的是寄存器的设置。CC2530 的所有 I/O 端口均可以通过 SFR 寄存器 P0、P1 和 P2 进行位寻址和字节寻址。其中常用的功能寄存器 PxSEL 和方向寄存器 PxDIR 需要熟练掌握。

2. 目标达成测试

（1）CC2530 芯片有 40 个引脚，其中_____个 I/O 引脚。这些引脚组成 3 个 8 位端口，分别为端口 0、端口 1 和端口 2，表示为_____、_____和_____。

（2）PxSEL 寄存器是端口_____寄存器，用来将某个引脚设置为通用 I/O 端口或外设 I/O 端口。

（3）PxDIR 寄存器是端口_____寄存器，当端口为通用 I/O 端口时，用来设置某个引脚的数据传输方向。

（4）在下方写出将 P0 端口的所有引脚设置为通用 I/O 端口，且数据方向为输出的语句。

（5）拓展作业：分析下列语句的含义和作用。

```
P1SEL &= ~0x03;
P1DIR |= 0x02;
```

能力拓展 3

（1）表 4-10 是 CC2530 的两个寄存器的设置要求，请解读含义，并写出相应的语句。

表 4-10　寄存器设置要求

P0SEL	1	1	0	0	0	0	1	1
P0DIR	1	1	1	0	0	1	0	0

含义：

配置语句：

（2）用 IAR 编写程序烧写到 CC2530 上，使 ZigBee 模块的 4 个 LED 按照自左向右的顺序流水闪烁，每个 LED 点亮 1 s，间隔时间为 1 s。

（3）参考知识链接内容，编写程序实现利用 SW1 按键控制 LED 的亮灭。

学习评价 3

请填写本任务学习评价表，如表 4-11 所示。

表 4-11　学习评价表

自我评价（25 分）		小组评价（25 分）		教师评价（50 分）	
明确任务目标（5 分）		出勤与课堂纪律（5 分）		态度端正，积极主动参与（10 分）	
能够跟进课堂节奏，完成相应练习（10 分）		善于合作与分享，负责任有担当（10 分）		能够理解和接受新知识（10 分）	
				能够独立完成基本技能操作（15 分）	
了解重点知识，能够讲述主要内容（10 分）		讨论切题，交流有效，学习能力强（10 分）		善于思考分析与解决问题（10 分）	
				能够联系实际，有创新思维（5 分）	
合计得分		合计得分		合计得分	
本人签字		组长签字		教师签字	

知识链接 3

1．进制转换

1）二进制

二进制是计算技术中广泛采用的一种数制。二进制数是用 0 和 1 两个数码来表示的数。它的基数为 2，进位规则是"逢二进一"，借位规则是"借一当二"。数字电子电路中，逻辑门的实现直接应用了二进制数，用两个不同的符号 0 和 1 来代表两种不同的状态，因此现代的计算机和依赖计算机的设备里都用到二进制数。每个数字称为 1 个比特（bit），也称 1 位。

例如，0，1，10，11，100，101，110，111，1000，1001，…，1111 以此类推。

2）十六进制

即逢十六进一，每一位上可以是从小到大为 0、1、2、3、4、5、6、7、8、9、A、B、C、D、E、F 共 16 个大小不同的数。在计算机科学中，经常会用到十六进制，而十进制的使用非常少，这是因为十六进制和二进制有天然的联系：4 个二进制位可以表示从 0 到 15 的数字，这刚好是 1 个十六进制位可以表示的数据，也就是说，将二进制数转换成十六进制数只要每四位进行转换就可以了。十六进制可以与其他不同进制之间的换算转换，常见如二进制、八进制、十进制等。

例如，0，1，2，…，F；10，11，12，…，1F；20，21，22，…，2F；F0，F1，F2，…，FF 以此类推。

3）十进制转换成二进制

将十进制整数转换成二进制整数采用"除 2 取倒余法"，即将十进制整数除以 2，得到一个商和一个余数；再将商除以 2，又得到一个商和一个余数；以此类推，直到商等于零为止。每次得到的余数进行倒序排列，就得到了对应二进制数。

例如，将十进制数 59 转换成二进制数为 111011，转换过程如图 4-25 所示。

4）二进制转换成十进制

二进制转换成十进制采用"按位权展开相加法"。

例如，将二进制数 111011 转换为十进制数为 59，转换过程如表 4-12 所示。

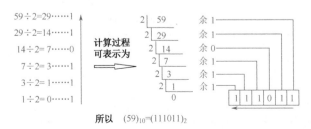

图 4-25 十进制转换为二进制

表 4-12　二进制转换为十进制

二进制数码	1	1	1	0	1	1
数码所在位	5	4	3	2	1	0
各位对应的权	2^5	2^4	2^3	2^2	2^1	2^0
	32	16	8	4	2	1
数码乘以权	1×32	1×16	1×8	0×4	1×2	1×1
运算	32	16	8	0	2	1
	相加求和					
十进制数	59					

5）二进制转换成十六进制

二进制数转换成十六进制数是将二进制数从右向左每四位一组，每一组为一位十六进制整数，不足四位时，在前面补 0。

例，将二进制数 111011 转换为十六进制数为 3B，转换过程如表 4-13 所示。

表 4-13　二进制转换为十六进制

二进制数码	1	1	1	0	1	1
自右向左每 4 位一组	1	1	1	0	1	1
数码所在位	1	0	3	2	1	0
各位对应的权	2^1	2^0	2^3	2^2	2^1	2^0
	2	1	8	4	2	1
数码乘以权	1×2	1×1	1×8	0×4	1×2	1×1
运算	2	1	8	0	2	1
	2+1		8+0+2+1			
十六进制数	3		B			

6）十六进制转换成二进制

十六进制数转换成二进制数，必须将每一位十六进制数对应转换为四位的二进制数，0 不能缺省，如表 4-14 所示。

表 4-14　十六进制转换为二进制

十六进制数	6				B			
十进制数	6				11			
转换	转换为 4 位二进制				转换为 4 位二进制			
二进制数码	0	1	1	0	1	0	1	1

2. SFR

1）简介

特殊功能寄存器（SFR）：在微控制器内部，有一些特殊功能的存储单元，这些单元用来存放控制微控制器内部器件的命令、数据或运行过程中的一些状态信息，这些存储单元被称为特殊功能寄存器。

操作微控制器的本质就是对这些特殊功能寄存器进行读写操作，并且某些特殊功能寄存器可以位寻址。

每一个特殊功能寄存器本质上就是一个内存单元，而标识每个内存单元的是内存地址，不容易记忆。为了便于使用，每个特殊功能寄存器都会起一个名字，在程序设计时，只要引入头文件"ioCC2530.h"，就可以直接使用寄存器的名称访问内存地址了。

2）CC2530 的通用 I/O 端口相关的常用寄存器有 4 个

Px：数据端口，用来控制端口的输出或获取端口的输入。

PxSEL：端口功能选择，设置端口是通用 I/O 还是外设功能。

PxDIR：作为通用 I/O 时，用来设置数据的传输方向（作为输入或作为输出）。

对于输入的端口要设置其输入方式，输入方式用来从外界器件获取输入的电信号，当 CC2530 的引脚为输入端口时，该端口能够提供"上拉""下拉""三态"三种输入模式，可以通过编程进行设置。CC2530 复位后，各 I/O 端口默认使用的就是上拉模式。通用输入端口的输入模式通过设置寄存器 PxINP 实现，其功能配置如表 4-15 和表 4-16 所示。

表 4-15　P0INP 与 P1INP 的功能配置

位	位名称	复位值	操作	描述
7:0	MDPx[7:0]	0X00	R/W	设置 Px_7 到 Px_0 端口的输入模式 0：非三态（上拉/下拉） 1：三态

表 4-16　P2INP 的功能配置

位	位名称	复位值	操作	描述
7	PDUP2	0X00	R/W	设置 P2 的所有端口的输入模式 0：上拉　　1：下拉

续表

位	位名称	复位值	操作	描述
6	PDUP1	0X00	R/W	设置 P1 的所有端口的输入模式 0：上拉 　 1：下拉
5	PDUP2	0X00	R/W	设置 P0 的所有端口的输入模式 0：上拉 　 1：下拉
4：0	MDP2[4:0]	0X00	R/W	设置 P2_4 到 P2_0 端口的输入模式 0：非三态（上拉/下拉） 1：三态

3）通用 I/O 端口配置基本思路

在使用 CC2530 的通用 I/O 端口时，各寄存器配置的基本思路如图 4-26 所示。

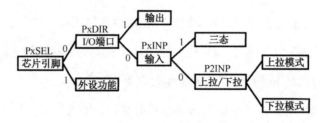

图 4-26　I/O 端口配置基本思路

3. 设置寄存器中某些位的方法

在编写程序过程中常常会对相关寄存器进行写操作，这里介绍两种对某位写 0 写 1，且不影响其他位的值的操作。

1）对寄存器的某些位清 0 而不影响其他位

例如：寄存器 P1TM 的当前值是 0x6c，现需要将该寄存器的第 1 位、第 3 位和第 5 位设置为 0，同时不能影响该寄存器其他位的值。

使用 "&=" 将寄存器指定位清 0，同时不影响其他位的值。

正确写法：P1TM &= ～0x2A;

因为：逻辑 "与" 操作的特点是该位有 0 结果就为 0，若为 1 则保存原来的值不变。

首先将字节 0000 0000 中要操作的位设置为 1，即 0010 1010；然后将该数值取反，即 1101 0101，也就是～0x2A；再将该值与寄存器 P1TM "相与"，那么有 0 的位，即 1、3、5 位将被清 0，其余位会保持原来的值不变。

所以：P1TM 的当前值为 0x6c，即 0110 1100。

0110 1100 && 1101 0101 = 0100 0100，即 1、3、5 位清 0，其他位不变。

注意：该方法只能操作多位同时清 0，或者某一位清 0 的情况，如果要将寄存器的位既清 0 又置 1，则不能采用这种写法。

在不少嵌入式应用的源码程序中，对于寄存器的第 n 位的清 0 操作也可以写成：寄存器 **&=** ~(0x01<<(n));其道理是一样的。

2）对寄存器的某些位置 1 而不影响其他位

例如：寄存器 P1TM 的当前值是 0x6c，现需要将该寄存器的第 1 位、第 4 位和第 5 位设置为 1，同时不能影响该寄存器其他位的值。

使用**"|="**将寄存器指定位置 1，同时不影响其他位的值。

正确写法：P1TM |= 0x32；

因为：逻辑"或"操作的特点是该位有 1 结果就为 1，若为 0 则保存原来的值不变。

首先将字节 0000 0000 中要操作的位设置为 1，即 0011 0010，也就是 0x32；再将该值与寄存器 P1TM "相或"，那些有 1 的位，即 1、4、5 位将被设置为 1，其余的位会保持原来的值不变。

所以：P1TM 的当前值为 0x6c，即 0110 1100。

0110 1100 || 0011 0010 = 0111 1110，即 1、4、5 位置 1，其他位不变。

同样要注意：该方法只能操作多位同时置 1，或者某一位置 1 的情况。

对于寄存器的第 n 位的清 0 操作也可以写成：寄存器 |= (0x01<<(n))。

4. 按键控制 LED 亮灭（外部信号输入读取）

本任务卡中 ZigBee 模块的 SW1 按键与 CC2530 的 P1_2 引脚连接，当按键按下时，P1_2 引脚呈现低电平状态，没有按下为高电平状态。即读取寄存器 P1 的 P1_2 位逻辑值为 0 时，表示按键按下，P1_2 位逻辑值为 1 时，表示按键未按下。由此可以通过 SW1 按键某些行为控制 LED 亮灭，例如，下列程序通过 SW1 按键控制 LED1 的亮灭。

程序功能：按下按键 SW1 控制 LED1 亮和灭。

```
#include <ioCC2530.h>
typedef unsigned char uchar;
typedef unsigned int  uint;
#define LED1 P1_0              // P1_0控制LED1
#define KEY1 P1_2              // P1_2控制SW1
void delay(uint msec)         //延时函数
```

```
{
    uint i,j;

    for (i=0; i<msec; i++)
        for (j=0; j<535; j++);
}
void InitLed(void)                    //设置LED1相应的I/O端口
{
P1SEL &= ~0x01;                       //设置P1_0为普通I/O端口
P1DIR |= 0x01;                        // P1_0定义为输出
    LED1 = 0;                         // LED1熄灭
}
void InitKey(void)                    //设置按键相应的I/O端口
{
    P0SEL &= ~0x04;                   //设置P1_2为普通I/O端口
    P0DIR &= ~0x04;                   //按键接在P1_2上，设置P1_2为输入模式
P1INP &= ~0x04;                       //设置P1_2输入模式为非三态（上拉或下拉）
P2INP &= ~0x40;                       //设置P1_2输入模式为P1_2上拉
}
uchar KeyScan(void)                   //读取按键状态
{
    if (KEY1 == 0)
    {
        delay(10);
        if (KEY1 == 0)                //0为抬起    1为按键按下
        {
            while(!KEY1);             //松手检测
            return 1;                 //有按键按下
        }
    }
    return 0;                         //无按键按下
}
void main(void)//程序入口函数
{
    InitLed();                        //设置LED1相应的I/O端口
    InitKey();                        //设置SW1相应的I/O端口
    while(1)
    {
        if (KeyScan())                //按键按下则改变LED状态
```

```
        LED1 = ~LED1;
    }
}
```

任务卡 4.4 断而有序——通用 I/O 中断

中断机制是操作系统获得计算机控制权的根本保证。操作系统都是多任务的，如果不能中断，操作系统就会锁死在一个任务中而不能再响应其他的任务。就像人类的日常行为，当一个人在做一件事情的过程中被另外的事情打断，会转而处理另外的事情，结束后再回来继续第一件事情。我们的学习和生活中总有千头万绪，只要保持清醒的头脑，明确的目标，做到慎思、明辨、笃行，就必定学有所成、行有所获。

🔭 任务提出 4

上一个任务介绍了 CC2530 输入输出的基础知识，并通过对 ZigBee 模块上 LED 的控制，学习了如何配置并控制 I/O 端口的功能和数据传输方向。本任务将继续学习 CC2530 单片机 I/O 端口引起外部中断的方法，实现利用 SW1 按键中断来控制流水灯的暂停和启动。

⏰ 任务目标 4

（1）理解单片机中断的概念和作用。

（2）理解中断的处理过程，涵养不忘初心，方得始终情怀。

（3）掌握 CC2530 外部中断的配置方法。

（4）掌握中断处理函数的编写方法。

🖥 任务实施 4

1. 了解中断

中断含义和流程如图 4-27 所示。

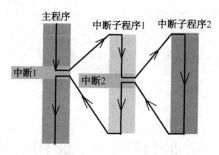

图 4-27　中断含义和流程

2．CC2530 的中断系统

1）中断源

CC2530 具有 18 个中断源，每个中断源都通过各自的一系列特殊功能寄存器进行控制。根据本任务知识链接的内容了解 CC2530 的 18 个中断源及其优先级。

2）中断初始化

CC2530 的 P0、P1 和 P2 端口中的每个引脚设置为输入后，都可以用于产生中断，要使用某些引脚的外部中断功能，必须进行中断初始化。中断初始化操作步骤如图 4-28 所示。

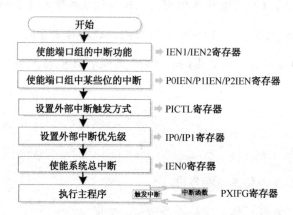

图 4-28　中断初始化操作步骤

第一步，使能端口组的中断功能。

本任务使用 SW1 按键（P1_2 引脚）作为外部中断，则需要将 P1 端口中断功能开启，即设置寄存器 IEN2 的 P1IE 位为 1。IEN2 寄存器如表 4-17 所示。

代码：IEN2 |= 0X10；

表 4-17 IEN2 寄存器

位	名称	复位	R/W	描述
7:6	—	00	R0	未使用读出来是 0
5	WDTIE	0	R/W	看门狗定时器中断使能　　0：中断禁止　　1：中断使能
4	P1IE	0	R/W	端口 1 中断使能　　0：中断禁止　　1：中断使能
3	UTX1IE	0	R/W	USART1 中断使能　　0：中断禁止　　1：中断使能
2	UTX0IE	0	R/W	USART0 中断使能　　0：中断禁止　　1：中断使能
1	P2IE	0	R/W	端口 2 中断使能　　0：中断禁止　　1：中断使能
0	RFIE	0	R/W	RF 一般中断使能　　0：中断禁止　　1：中断使能

第二步，使能某端口组中某些位的中断。

使能 P1_2 引脚中断，即设置寄存器 P1IEN 的第 2 位为 1。P1IEN 寄存器如表 4-18 所示。

代码：P1IEN |=1；

表 4-18 P1IEN 寄存器

位	名称	复位	R/W	描述
7：0	P1_[7:0]IEN	0x00	R/W	P1.7-P1.0 中断使能　　0：中断禁止　　1：中断使能

第三步，设置外部中断触发方式。

按键 SW1 按下过程中 P1_2 引脚的电信号产生下降沿跳变，松开过程中电信号产生上升沿跳变。本任务要求按键按下后流水灯暂停，将 PICTL 寄存器第 1 位置为 1，P1_2 引脚被设置为下降沿触发方式。PICTL 寄存器如表 4-19 所示。

代码：PICTL = 0x02；

表 4-19 PICTL 寄存器

位	名称	复位	R/W	描述
7	PADSC	0	R/W	I/O 引脚在输出模式下的驱动能力控制（DVDD 引脚低电压输入） 0：最小驱动 DVDD1/2≥2.6 V　　1：最小驱动 DVDD1/2<2.6 V
6：4	—	000	R0	未使用
3	P2ICON	0	R/W	P2.4-P2.0 中断配置　　0：上升沿产生中断　　1：下降沿产生中断
2	P1ICONH	0	R/W	P1.7-P1.4 中断配置　　0：上升沿产生中断　　1：下降沿产生中断
1	P1ICONL	0	R/W	P1.3-P1.0 中断配置　　0：上升沿产生中断　　1：下降沿产生中断
0	P0ICON	0	R/W	P0.7-P0.0 中断配置　　0：上升沿产生中断　　1：下降沿产生中断

第四步，设置外部中断优先级。

本任务只使用了一个中断，此处不必设置优先级。

第五步，使能系统总中断。

中断系统总开关控制需要设置 IEN0 寄存器的第 7 位即 EA 位为 1。IEN0 寄存器第 7 位如表 4-20 所示。

代码：EA=1;

表 4-20　IEN0 寄存器第 7 位

位	名称	复位	R/W	描述
7	EA	0	R/W	禁止所有中断 0：无中断被确认　1：通过设置对应的使能位将中断源使能和禁止

3）中断标志

CC2530 的 P0、P1 和 P2 端口分别使用 IRCON 寄存器的 P0IF、P1IF 和 P2IF 位作为中断标志位，任何一个端口组上产生外部中断时，会将对应端口组的外部中断标志位自动置 1。此时 CPU 将进入相应端口中断服务函数中去处理事件。外部中断标志位不能自动复位，因此必须在中断服务函数中手工清除该中断标志位，否则 CPU 将反复进入中断过程中。

例如，P1IF=0; 是清除 P1 端口的中断标志位。

CC2530 的 P0、P1 和 P2 端口各引脚的中断触发状态由 3 个端口状态标志寄存器 P0IFG、P1IFG 和 P2IFG 分别描述。当某个 I/O 引脚触发中断请求时，对应标志位会被自动置为 1，在进行中断处理时可以通过判断相应寄存器的值来确定是哪个端口引起的中断。这些标志位需要在中断函数中进行手动清除。

例如，P1IFG &=~0x04; 是清除 P1_2 引脚的中断状态标志位。

PxIFG 寄存器分别如表 4-21 和表 4-22 所示。

表 4-21　P0IFG 寄存器和 P1IFG 寄存器

位	名称	复位	R/W	描述
7:0	PxIF[7:0]	0x00	R/W0	Px_7～Px_0 引脚的输入中断标志位，当输入引脚有未响应的中断请求时，其对应的中断标志位将置 1，需要软件复位

表 4-22　P2IFG 寄存器

位	名称	复位	R/W	描述
4:0	PxIF[4:0]	00000	R/W0	P2_4～P2_0 引脚的输入中断标志位，当输入引脚有未响应的中断请求时，其对应的中断标志位将置 1，需要软件复位

3. 中断函数

CC2530 中断服务函数与一般自定义函数不同，有特定的书写格式。

```
#pragma vector = 中断向量  //本任务SW1对应P1_2 ,向量值为PINT_VECTOR或
0X7B
__interrupt void 函数名称(void)
{
/*此处编写中断处理函数的具体程序*/
PxIFG = 0; //清除Px引脚的中断状态标志位  //P1IFG = 0;
PxIF = 0; //清除Px端口组的中断状态标志位 //P1IF = 0;
}
```

4. 实现按键中断——流水灯启停效果

（1）要实现流水灯启停效果，需要使用 While 语句。将 While 语句设为无限循环，使开关灯启停效果不断重复，即可实现流水灯启停效果，代码如下。

```
while(1)
  {
      delay(500);LED1 = 1;delay(500);LED1 = 0;delay(500);
      LED2 = 1;delay(500);LED2 = 0;delay(500);
      LED3 = 1;delay(500);LED3 = 0;delay(500);
      LED4 = 1;delay(500);LED4 = 0;
  }
```

（2）我们前面已经将 SW1 设置为中断端口，所以想要在流水灯中实现暂停和启动，需要在延时函数中添加一个标志位，当标志位为 0 时程序就会继续流水灯效果，当标志位为 1 时，就会暂停流水灯。我们需要再次利用 While 语句，在延时函数中使用这个标志位，代码如下。unsigned char flag_Pause=0；//流水灯运行标志位，为 1 暂停，为 0 运行。

```
void delay(unsigned int time)
{
    unsigned int i;
    unsigned char j;
    for(i = 0;i < time;i++)
        for(j = 0;j < 240;j++)
        {
            asm("NOP");//asm用来在C代码中嵌入汇编语言操作，汇
            asm("NOP");//编命令nop是空操作，消耗1个指令周期
            asm("NOP");
```

```
        while(flag_Pause);//根据flag_Pause的值确定是否在此循环
    }
}
```

（3）在中断函数中调整标志位的值，即可实现暂停流水灯的效果，代码如下。

```
#pragma vector = P1INT_VECTOR
__interrupt void P1_INT(void)
{
    if(P1IFG & 0x04)              //如果P1_2引脚中断标志位置位
    {
        if(flag_Pause == 0)
        {
            flag_Pause = 1;
        }
        else
        {
            flag_Pause = 0;
        }
        P1IFG &= ~0x04;          //清除P1_2引脚中断标志位
    }
    P1IF = 0;                    //清除P1引脚中断标志位
}
```

（4）参照 4 单元资源文件夹中的 4.5，编写此程序，实现流水灯启停效果。也可以直接将工程中的.hex 文件烧写入 ZigBee 模块中，观察效果。可以扫描二维码 4-5 查看流水灯启停效果。

二维码 4-5　流水灯启停效果

📖 任务总结 4

1. 总结

本次任务使用端口的中断功能实现了流水灯的启停操作。中断是指当程序出现特殊情况需要 CPU 处理时，CPU 暂停当前正在运行的主程序，转而去执行另一端专门的事件处理代码，当完成事件处理后，CPU 返回之前暂停的位置继续执行主程序。

2．目标达成测试

（1）要使用 SW1 按键（P1_2 引脚）作为外部中断，则需要将_____端口组中断功能开启，即设置寄存器 IEN2 的 P1IE 位为 1。

代码为 IEN2 |= _____；

（2）P1IEN 寄存器的作用是使能_____端口组的某一个引脚的中断，例如 P1IEN |=0x04；表示使能_____引脚的中断功能。

（3）设置中断触发方式，使用_____寄存器。

（4）使能总中断的代码是_____。

（5）中断的初始化有哪几步？按照顺序填入序号。

（　　）使能端口组中某些位的中断

（　　）使能端口组中断功能

（　　）使能总中断

（　　）设置中断优先级

（　　）设置中断触发方式

（6）中断函数的声明分为哪几部分？写出这几个关键字_____。

能力拓展 4

1．编写程序

编写一个程序，使用中断方式，用 SW1 键控制 LED1 的亮灭状态。要求如下：

（1）ZigBee 模块上电后，LED1 熄灭。

（2）按下 SW1 后，LED1 点亮。

（3）再次按下 SW1 后，LED1 熄灭。

（4）重复（2）、（3）步骤。

2．大赛题目

将 ZigBee 小模块上 SW1 按键设置为外部中断输入引脚。在中断服务函数中，控制一个 LED6 的开关切换，也就是将原来点亮的 LED 熄灭，将原来熄灭的 LED 点亮。同时在主程序中，运行一段跑马灯程序，使 LED3 和 LED4 轮流点亮和熄灭。

思路：

（1）端口初始化和跑马灯程序。

（2）定义一个外部中断初始化函数，将 SW1 引脚，即 P1_2 引脚配置成外部中断输入端口，将其中断触发方式设置为下降沿触发。

（3）为外部中断定义一个中断服务函数，要按照中断服务函数的书写格式编程，注意要在中断服务函数中把相应的中断标志位清除。必须先清除引脚的中断标志，再清除端口组的中断标志。

学习评价 4

请填写本任务学习评价表，如表 4-23 所示。

表 4-23　学习评价表

自我评价（25 分）		小组评价（25 分）		教师评价（50 分）	
明确任务目标（5 分）		出勤与课堂纪律（5 分）		态度端正，积极主动参与（10 分）	
能够跟进课堂节奏，完成相应练习（10 分）		善于合作与分享，负责任有担当（10 分）		能够理解和接受新知识（10 分）	
				能够独立完成基本技能操作（15 分）	
了解重点知识，能够讲述主要内容（10 分）		讨论切题，交流有效，学习能力强（10 分）		善于思考分析与解决问题（10 分）	
				能够联系实际，有创新思维（5 分）	
合计得分		合计得分		合计得分	
本人签字		组长签字		教师签字	

知识链接 4

1．中断概念

内核与外设之间的主要交互方式有两种：轮询和中断。中断系统使内核具备了应对突发事件的能力。

在执行 CPU 当前程序时，由于系统中出现了某种急需处理的情况，CPU 暂停正在执行的程序，转而执行另外一段特殊程序来处理所出现的紧急事务，处理结束后，CPU 自动返回到原来暂停的程序中去继续执行。这种程序在执行过程中由于外界因素而被中间打断的情况，称为中断。

2．中断作用

1）实现分时操作

速度较快的 CPU 和速度较慢的外设可以各做各的事情，外设可以在完成工作后再与 CPU 进行交互，而不需要 CPU 去等待外设完成工作，能够有效提高 CPU 的工作效率。

2）实现实时处理

在控制过程中，CPU 能够根据当时情况及时做出反应，实现实时控制的要求。

3）实现异常处理

系统在运行过程中往往会出现一些异常情况，中断系统能够保证 CPU 及时接收异常信息，以便 CPU 去解决异常情况，避免整个系统出现更大的问题。

3．中断的两个重要概念

（1）中断服务函数：内核响应中断后执行的相应处理程序。例如，ADC 转换完成中断被响应后，CPU 执行相应的中断服务函数，该函数实现的功能一般是从 ADC 结果寄存器中取走并使用转换好的数据。

（2）中断向量：中断服务程序的入口地址，当 CPU 响应中断请求时，会跳转到该地址去执行代码。

4．CC2530 的 18 个中断源

（1）CC2530 具有 18 个中断源，如表 4-24 所示。每个中断源都有它自己的位于一系列 SFR 寄存器中的中断请求标志，相应标志位请求的每个中断可以分别使能或禁用。

表 4-24　CC2530 的 18 个中断源

中断名称	中断向量	描述	中断名称	中断向量	描述
P0INT	6Bh	I/O 端口 0 外部中断	T3	5Bh	定时器 3 捕获/比较/溢出
P1INT	7Bh	I/O 端口 1 外部中断	T4	63h	定时器 4 捕获/比较/溢出
P2INT	33h	I/O 端口 2 外部中断	ADC	0Bh	ADC 转换结束
UTX0	3Bh	USART0 发送完成	DMA	43h	DMA 传输完成
URX0	13h	USART0 接收完成	ST	2Bh	睡眠计时器比较
UTX1	73h	USART1 发送完成	WTD	8Bh	看门狗计时溢出
URX1	1Bh	USART1 接收完成	ENC	23h	AES 加密/解密完成
T1	4Bh	定时器 1 捕获/比较/溢出	RF	83h	RF 通用中断
T2	53h	定时器 2 中断	RFERR	03h	RF 发送完成或接收完成

（2）CC2530 中断处理函数格式书写。

中断服务函数与一般自定义函数不同，有特定的书写格式。

```
#pragma vector = 中断向量
__interrupt void 函数名称 （void）
{
  PxIFG = 0; //先清除Px引脚的中断状态标志位
  PxIF = 0;  //再清除Px端口组的中断状态标志位
}
```

① 在每一个中断服务函数之前，都要加上一句起始语句。

```
#pragma vector = <中断向量>
```

<中断向量>表示接下来的中断服务函数是为哪个中断源服务的，该语句有两种写法，如下所示。

```
#pragma  vector = 0x7B或者#pragma  vector = P1INT_VECTOR
```

前者是中断向量的入口地址，后者是文件"ioCC2530.h"中的宏定义。

② _ _interrupt 关键字表示该函数是一个中断服务函数，<函数名称>可以自定义，函数体不能带有参数，也不能有返回值。

任务卡 4.5　温故知新——单元贯穿

A 知识过关

1. ZigBee 技术的特点包括：_____。

　　A. 低功耗　　　　B. 低成本　　　　C. 可靠性高　　　　D. 容量大

　　E. 时延小　　　　F. 安全性高　　　　G. 有效范围小　　　H. 兼容性较高

2. 无线局域网简称_____，是为了实现活动半径小、业务类型丰富、面向特定群体、无线无缝连接而提出的新兴无线通信技术。

3. CC2530 芯片有 40 个引脚，其中包含_____个 I/O 引脚。这些引脚组成 3 个 8 位端口，分别为端口 0、端口 1 和端口 2，表示为_____。

4. PxSEL 寄存器是_____寄存器，用来将某个引脚设置为通用 I/O 或外设 I/O。

5．PxDIR 寄存器是＿＿＿＿＿＿＿＿寄存器，当端口为通用 I/O 端口时，用来设置某个引脚的数据传输方向。

6．十六进制数 3 A 转换为二进制数是＿＿＿＿＿＿，转换为十进制数是＿＿＿＿＿＿。

7．设置中断触发方式，使用＿＿＿＿＿＿＿＿＿＿寄存器。

8．使能总中断的代码是＿＿＿＿＿＿＿＿＿＿。

🏅 技能达标

1．CC2530 程序中的语句"#include<ioCC2530.h>"的作用是什么？

2．将十进制数 253 分别转换为二进制数和十六进制数。

3．分析下列语句的含义和作用。

P1SEL &= ～0x05；＿＿＿＿＿＿＿＿＿＿＿＿＿＿＿＿＿＿＿＿＿＿＿＿。

P1DIR |= 0x01；＿＿＿＿＿＿＿＿＿＿＿＿＿＿＿＿＿＿＿＿＿＿＿＿＿。

PICTL &= ～0x01；＿＿＿＿＿＿＿＿＿＿＿＿＿＿＿＿＿＿＿＿＿＿＿。

P0IEN &= ～0x04；＿＿＿＿＿＿＿＿＿＿＿＿＿＿＿＿＿＿＿＿＿＿＿。

P2INP &= ～0x40；＿＿＿＿＿＿＿＿＿＿＿＿＿＿＿＿＿＿＿＿＿＿＿。

4．在下方写出将 P2_2 端口设置为通用 I/O 端口，且数据方向为输出的语句。

5. 要使用 ZigBee 模块的 SW2 按键（P2_1 引脚）作为外部中断，则需要将＿＿＿＿＿＿＿端口组中断功能开启，即设置寄存器 IEN2 的 P2IE 位为 1，代码为 IEN2 |=＿＿＿＿＿＿＿＿。

6. P2IEN 寄存器的作用是使能＿＿＿＿＿＿＿端口组的某一个引脚的中断，例如 P2IEN |=0x02；表示使能＿＿＿＿＿＿＿＿＿＿引脚端口的中断功能。

核心素养

1. IAR Embedded Workbench 是著名的＿＿＿＿＿＿＿＿＿＿＿。IAR 根据支持的微处理器种类不同分为多种版本。

因为本教材中的实验设备 ZigBee 模块上装载的 CC2530 芯片用的是＿＿＿＿＿＿＿＿内核，所以开发环境要选用 IAR Embedded Workbench for 8051 版本的 IAR。

2. 用 IAR 编写 CC2530 程序后，要将程序烧写到 CC2530 芯片中，需要编译生成的烧写文件的扩展名是＿＿＿＿＿＿＿＿。

3. 在 IAR 中为 CC2530 编写程序并调试，大致包含哪几个步骤（按顺序填写）？

1（ 　） 2（ 　） 3（ 　） 4（ 　）

A. 工程创建　　　B. 下载与仿真　　　C. 代码编辑　　　D. 参数配置

4. ZigBee 网络中，根据节点的功能不同可以将节点分为＿＿＿＿＿＿＿、＿＿＿＿＿＿＿、＿＿＿＿＿＿＿3 种。每个 ZigBee 网络由＿＿＿＿＿＿＿个网络协调器节点、＿＿＿＿＿＿＿个路由器和多个终端设备节点组成。

5. 在执行 CPU 当前程序时，由于系统中出现了某种急需处理的情况，CPU 暂停正在执行的程序，转而执行另外一段特殊程序来处理出现的紧急事务，处理结束后，CPU 自动返回到原来暂停的程序中继续执行。这种程序在执行过程中由于外界因素而被打断的情况，称为＿＿＿＿＿＿＿＿。中断机制的工作原理体现了灵活中断，回归本初，接续前进的理念，谈谈你在生活中的相似经历。

6. 本单元的 ZigBee 技术主要解决了物联网中哪方面的问题？在同类技术中 ZigBee 的优势是什么？

创新实践

1. 下列是 CC2530 的两个寄存器的设置要求，请解读含义，并写出相应的语句。

P0SEL	0	0	0	0	0	0	1	1
P0DIR	1	1	1	0	0	1	0	0

（1）含义：

（2）配置语句：

2. 下列代码是定义中断服务函数，请在对应空白处填写代码。

```
#pragma vector = 中断向量
_____ void 函数名称 （void）
{

_____   //清除Px引脚的中断状态标志位
_____   //清除Px端口组的中断状态标志位
}
```

3. 编写一个程序，使用中断方式，用 SW1 按键控制 LED 的亮灭状态。要求如下：

（1）ZigBee 模块上电后，LED1、LED2 熄灭，LED3、LED4 点亮。

（2）按下 SW1 后，LED1、LED2 点亮，LED3、LED4 熄灭。

（3）再次按下 SW1 后，状态反转。

4. 编写一个程序，用 SW1 按键控制 LED 的点亮效果，具体要求如下：设 ZigBee 模块上的 4 个 LED 依次为 LED1、LED2、LED3、LED4。

（1）系统上电后所有 LED 熄灭。

（2）第一次按下 SW1 按键后，LED1 点亮。

（3）第二次按下 SW1 按键后，LED2 点亮。

（4）第三次按下 SW1 按键后，LED3 点亮。

（5）第四次按下 SW1 按键后，LED4 点亮。

（6）第五次按下 SW1 按键后，所有 LED 熄灭。

（7）重复（2）～（4）步骤。

5. 用 ZigBee 模块上的 4 个 LED 设计十六进制的密码提示效果，用 LED 的亮灭表示二进制数 1 和 0，4 个 LED 按顺序代表 4 个二进制位。

例如，密码为 AC26，则 4 个 LED 按照下列表格进行亮灭显示。

密码	LED1	LED2	LED3	LED4	备注
A	亮	灭	亮	灭	
C					每个密码对应的 LED 组合闪烁 3 次后熄灭
2	灭	灭	亮	灭	
6					

（1）请根据密码与 LED 亮灭的对应关系，补充上述表格。

（2）应用 IAR 编写程序，并进行调试，将程序下载到 ZigBee 模块上实现上述密码显示效果。

🎓 **学习评价 5**

请填写本任务学习评价表，如表 4-25 所示。

表 4-25　学习评价表

自我评价（25 分）		小组评价（25 分）		教师评价（50 分）	
明确任务目标（5 分）		出勤与课堂纪律（5 分）		态度端正，积极主动参与（10 分）	
能够跟进课堂节奏，完成相应练习（10 分）		善于合作与分享，负责任有担当（10 分）		能够理解和接受新知识（10 分）	
				能够独立完成基本技能操作（15 分）	
了解重点知识，能够讲述主要内容（10 分）		讨论切题，交流有效，学习能力强（10 分）		善于思考分析与解决问题（10 分）	
				能够联系实际，有创新思维（5 分）	
合计得分		合计得分		合计得分	
本人签字		组长签字		教师签字	

第 5 单元

综合实训

 单元概述

物联网是信息化革命浪潮中互联网迅速发展的必然产物和高智能产物。作为方便人们日常生活的重要科技手段，物联网必将成为未来世界推进经济发展和社会进步的基础设施，并将在未来生活中显示更大的开发前景。物联网未来应用如图 5-1 所示。

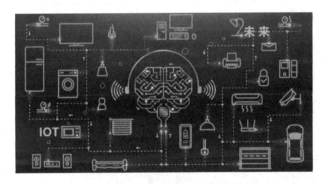

图 5-1 物联网未来应用

作为物联网专业的学生，要想成为就业前景广阔的物联网行业人才，必须脚踏实地从基础应用入手，不断锤炼技能，积累技术。

本单元包含 4 个综合实训任务和 1 个完整的大赛模拟任务，每个任务都是一个独立的物联网应用系统，任务中将前面各单元的知识点与技能点进行串联，通过任务实施进一步巩固物联网基础知识，掌握物联网应用系统的基本框架组成、工作原理和物联网应用系统设计的基本流程。

单元目标

（1）能够根据物联网应用需求进行系统设计。

（2）能够正确安装与部署，并进行物联网系统的功能演示与调试

（3）牢记基础理论，熟练基本技能，并能坚持守正创新，活学活用。

（4）了解技能大赛考核标准，了解物联网行业岗位需求。树立青年强则国强意识，培养脚踏实地，善作善成作风。

内容列表

第 5 单元内容如表 5-1 所示

表 5-1　第 5 单元内容

内容	知识点	设备	资源
任务卡 5.1	防入侵系统工作原理、电磁继电器工作原理、ADAM-4150 模块数据的读写	红外对射传感器、ADAM-4150 模块、电磁继电器、报警灯、RS-485/232 转换器、计算机工具与耗材	二维码视频/应用程序源代码/习题参考答案
任务卡 5.2	自动测温控温系统的工作流程、ADAM-4017 模块与 ADAM-4150 模块的连接与数据读取	温湿度传感器、ADAM-4017 模块、ADAM-4150 模块、电磁继电器、风扇、RS-485/232 转换器、计算机工具与耗材	二维码视频/应用程序源代码/习题参考答案
任务卡 5.3	自动照明系统工作原理、应用程序关键代码逻辑	人体红外传感器、光照传感器、ADAM-4017 模块、ADAM-4150 模块、电磁继电器、照明灯、RS-485/232 转换器、计算机工具与耗材	二维码视频/应用程序源代码/习题参考答案
任务卡 5.4	消防报警系统的结构组成和工作流程、串口服务器和路由器的配置和应用	空气质量传感器、直流信号隔离变送器、烟雾传感器、火焰传感器、电磁继电器、报警灯、风扇、ADAM-4017 模块、ADAM-4150 模块、串口服务器、RS-485/232 转换器、路由器	应用程序源代码/习题参考答案
任务卡 5.5	技能大赛考核的知识和技能	技能大赛配套设备	大赛任务书及结果文档

单元评价

请填写第 5 单元学习评价表，如表 5-2 所示。

表5-2 第5单元学习评价表

任务清单	自我评价 （25分）	小组评价 （25分）	教师评价 （50分）	任务总评价 （100分）
任务卡5.1				
任务卡5.2				
任务卡5.3				
任务卡5.4				
任务卡5.5				
平均得分	$S_1=$	$S_2=$	$S_3=$	$S=$
请根据任务总评价平均得分确定单元评价等级 A（$S\geqslant90$）　B（$80\leqslant S<90$）　C（$60\leqslant S<80$）　D（$S<60$）				

任务卡 5.1　万无一失——防入侵系统

2020年12月23日，为期三天的2020中国智能家居及智能建筑博览会，在广州保利世贸博览馆闭幕。近年来，随着5G、物联网、人工智能等技术的进步，智能家居产品的涌现，为人们带来了更多智能美好的生活新选择。

智能家居是以住宅为平台，利用综合布线、网络通信、安全防范、自动控制等多种技术将家居生活有关的设施集成，构建高效的住宅设施与家庭日程事务的管理系统，致力提升家居安全性、便利性、舒适性，并实现环保节能的居住环境。

任务提出 1

某别墅在进行智能家居改造时提出要增加防盗、防入侵功能。本任务我们将采用适当的设备和技术，为此别墅设计一套简洁的防入侵系统。防入侵系统应用程序通过计算机串口读取数据。数据从红外对射传感器输入到ADAM-4150模块，经过RS-485/232转换器的转发，到达计算机串口。防入侵系统应用程序对数据进行分析后，反向发送控制指令到ADAM-4150模块的DO端口，触发电磁继电器，控制报警灯的运行。

问题1：红外对射传感器属于哪种类型的传感器？有何特点？

问题2：电磁继电器在本任务的防入侵系统中充当什么样的角色？

209

拓展问题：红外对射传感器是如何工作的？

⏰ 任务目标 **1**

（1）能够正确安装所有设备，布局美观。

（2）理解红外对射传感器的工作原理。

（3）理解整个系统中各设备间的关系，并能够叙述数据传输过程。

🖥 任务实施 **1**

1．任务准备

（1）本任务所需设备：红外对射传感器、报警灯、ADAM-4150 模块、电磁继电器、RS-485/232 转换器接口、工具与耗材。

（2）应用程序：将本单元资源文件夹中的应用程序"防入侵系统"复制到计算机中。

（3）防入侵系统简介。

防入侵系统流程图如图 5-2 所示，通过扫描二维码 5-1 观看系统运行简介视频，了解防入侵系统的工作流程。

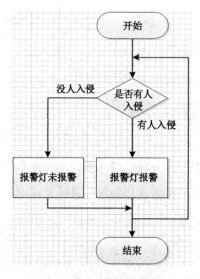

图 5-2　防入侵系统流程图　　　　　　　二维码 5-1　系统运行简介视频

（4）各小组按照任务所需设备清单领取设备，并对各设备进行基本的功能检测，确保设备完好无损，能够正常使用。

2．设备安装

（1）用 Visio 软件或在实训报告上绘制防入侵系统布局图，如图 5-3 所示。

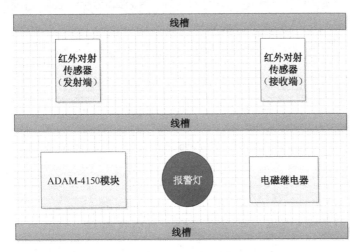

图 5-3　防入侵系统布局图

（2）按照绘制的系统布局图，将 ADAM-4150 模块、电磁继电器、报警灯安装到实训工位上。

（3）红外对射传感器的安装。

先将红外对射传感器 2 个支架用 4 颗螺丝固定到实训工位上，再用螺丝将红外对射传感器发射端和接收端分别固定到支架上。注意，安装时红外对射传感器的发射端与接收端必须在同一水平线上，并且两者间要间隔足够距离，红外对射传感器安装图如图 5-4 所示。

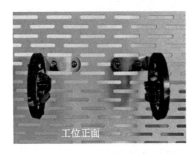

图 5-4　红外对射传感器安装图

3．设备接线

根据表 5-3 的设备接线关系，了解本系统数据通信流程，按照步骤进行设备接线。

表5-3　设备接线关系

ADAM-4150 模块	DO 端口	DI 端口	DATA+/DATA-	+VS/GND	GND
	信号输出口（电磁继电器⑦端口）	信号输入口	RS-485/232 转换器的 T/R+与 T/R-	供电（24 V 电源正/负极）	信号地线
电磁继电器	①、②端口	③、④端口	⑤、⑥端口	⑦、⑧端口	
	悬空	负载（报警灯红、黑色线）	⑤端口接 12 V 电源正极⑥端口接 12 V 电源负极	⑦端口接 24 V 电源正极⑧端口接 ADAM-4150 模块的 DO0 端口	
报警灯	"+"		"-"		
	电源正极接电磁继电器③端口		电源负极接电磁继电器④端口		
红外对射传感器接收端	①端口	②端口	③端口	④端口	
	12 V 电源负极	12 V 电源正极	24 V 电源负极	ADAM-4150 模块的 DI 端口	
红外对射传感器发射端	①端口		②端口		
	12 V 电源负极		12 V 电源正极		

（1）红外对射传感器分为接收端和发射端。接收端有 4 个引脚，"+"引脚接 24 V 电源正极，"-"引脚和"COM"引脚都接 24 V 电源负极，"OUT"引脚接 ADAM-4150 模块的 DI4 端口，发射端"+"引脚接 24 V 电源正极，"-"引脚接 24 V 电源负极。红外对射传感器接线图如图 5-5 所示。

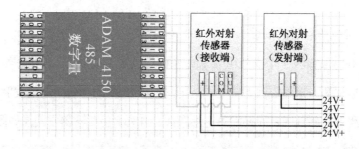

图 5-5　红外对射传感器接线图

（2）电磁继电器的③、④端口接报警灯，⑤、⑥端口接 12 V 电源正、负极，⑦端口接 24 V 电源正极，⑧端口接 ADAM-4150 模块的 DO0 端口，①、②端口悬空。防入侵系统电磁继电器接线图如图 5-6 所示。

（3）ADAM-4150 模块的"+Vs"端口接 24 V 电源正极，"GND"端口接 24 V 电源负极；"DATA+"和"DATA-"数据线接 RS-485/232 转换器接口的 T/R+与 T/R-端口，如图 5-7 所示（注：根据需要保留信号线的长度）。

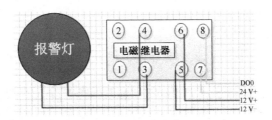

图 5-6　防入侵系统电磁继电器接线图

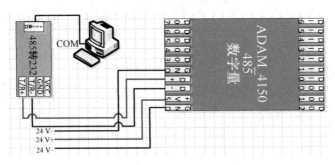

图 5-7　ADAM-4150 模块接线图

（4）检查整个防入侵系统线路的连接，是否出现漏线头，接错引脚等现象，检查红外对射传感器的端口连接，确保所有设备稳固、接线正确后，为工位通电。防入侵系统接线图如图 5-8 所示。

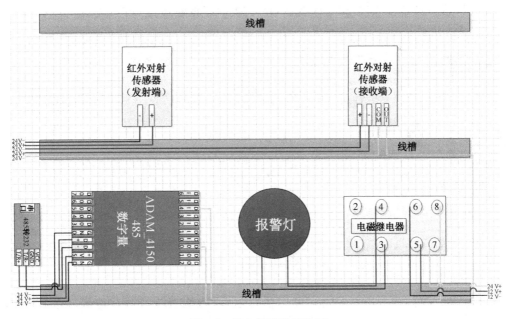

图 5-8　防入侵系统接线图

4．应用程序调试与运行

（1）运行本任务的"防入侵系统"应用程序，界面如图 5-9 所示。

图 5-9 "防入侵系统"应用程序界面

（2）程序打开后会自动开始检测红外对射传感器的信号。

（3）在红外对射传感器发送端与接收端之间放置手或物体进行遮挡，模拟有人入侵，触发红外对射传感器，观察应用程序中动画的变化和报警灯的工作状态。

（4）移开红外对射传感器之间的遮挡，使其回到无人入侵状态，观察应用程序动画的状态和报警灯的工作状态。

（5）小组配合反复进行防入侵系统的调试，进一步理解整个系统的运行流程。

📖 任务总结 1

1．总结

本任务通过 RS-485/232 转换器接口，将 ADAM-4150 模块与计算机进行连接，通过应用程序访问计算机串口，实现了应用程序对数字量数据的监测和对执行器设备的控制。模拟实现了智能化的防入侵报警功能。

本任务需要同学们提前复习相关设备的安装和接线等基本操作要领，通过本任务的实现，希望同学们重点理解物联网应用系统中数据传输过程、各设备的功能及相互关系。

2．目标达成测试

（1）本任务中使用的红外对射传感器的发射端有（　　）引脚。

  A．1个   B．2个   C．3个   D．4个

（2）红外对射传感器属于（　　）类型的传感器。

  A．数字量   B．模拟量   C．生物   D．位置

（3）ADAM-4150 模块的 DI 端口是数据（输入/输出）端口，DO 端口是数据（输入/输出）端口。

（4）本系统中负责收集红外对射传感器的数据和转发报警灯开关指令的设备是（　　）。

  A．ADAM-4150 模块   B．ADAM-4017 模块

  C．电磁继电器   D．红外对射传感器

（5）此系统中充当报警灯的供电开关的设备是（　　）。

  A．ADAM-4150 模块   B．计算机

  C．电磁继电器   D．红外对射传感器

🏔 能力拓展 1

  试着用烟雾传感器替换红外对射传感器，将本系统改造为烟雾报警系统。回答下列问题。

（1）列举烟雾报警系统需要的设备。

（2）报警灯与电磁继电器的接线图如图 5-10 所示，根据图中两设备的关系，补充接线。

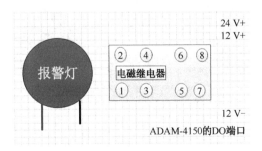

图 5-10　报警灯与电磁继电器的接线图

🎓 **学习评价 1**

请填写本任务学习评价表，如表 5-4 所示。

表 5-4 学习评价表

自我评价（25 分）		小组评价（25 分）		教师评价（50 分）	
明确任务目标（5 分）		出勤与课堂纪律（5 分）		态度端正，积极主动参与（10 分）	
能够跟进课堂节奏，完成相应练习（10 分）		善于合作与分享，负责任有担当（10 分）		能够理解和接受新知识（10 分）	
				能够独立完成基本技能操作（15 分）	
了解重点知识，能够讲述主要内容（10 分）		讨论切题，交流有效，学习能力强（10 分）		善于思考分析与解决问题（10 分）	
				能够联系实际，有创新思维（5 分）	
合计得分		合计得分		合计得分	
本人签字		组长签字		教师签字	

💡 **知识链接 1**

入侵探测报警系统

1）入侵探测报警系统的定义

入侵探测报警系统由入侵探测和报警技术组成，它可以担任防入侵、防盗等警戒工作。在防范区内用种类繁多的入侵探测器可以构成看不见的警戒点、警戒线、警戒面或空间的警戒区，将它们相互交织便可形成一个多层次、多方位的安全防范报警网，如图 5-11 所示。

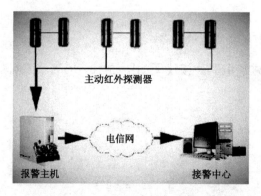

图 5-11 安全防范报警网

2）入侵探测报警系统的工作原理

在入侵探测报警系统中，入侵探测器就是各防范现场的前端探头，它们通常将探测到的非法入侵信息以开关信号的形式，通过传输系统（有线或无线）传送给报警控制器。报警控制器经过识别、判断后发出灯光报警，不仅可以控制多种外围设备，还可以将报警输出至上一级接警中心或有关部门。

3）红外对射传感器

红外对射传感器的工作原理是利用光束遮断的方式进行探测，当有人横跨过监控防护区时，遮断不可见的红外线光束而引发警报如图 5-12 所示。常用于室外围墙报警，且总是成对使用，一个用于发射，一个用于接收。发射机发出一束或多束人眼无法看到的红外光，形成警戒线，有物体通过，光线被遮挡，接收机信号发生变化，经放大处理后报警。红外对射传感器的探头要选择合适的响应时间，太短容易引起不必要的干扰，如小鸟飞过，小动物穿过等；太长会发生漏报。通常以 10 m/s 的速度来确定最短遮光时间。若人体的宽度为 20 cm，则最短遮断时间为 20 ms，大于 20 ms 报警，小于 20 ms 则不报警。

图 5-12 红外对射传感器

任务卡 5.2　冷暖自调——自制全自动空调系统

党的十九届五中全会通过的《中共中央关于制定国民经济和社会发展第十四个五年规划和二〇三五年远景目标的建议》明确提出实施城市更新行动。实施城市更新行动，总体目标是建设宜居城市、绿色城市、韧性城市、智慧城市、人文城市，不断提升城市人居环境质量、人民生活质量、城市竞争力，走出一条中国特色城市发展道路。

我们每一位市民不仅要做城市更新行动的积极践行者，也必将是城市更新行动的受益者。

🔭 任务提出 2

作为城市更新行动的一员，请利用所学知识设计一种全自动空调系统，为一些公共场所提供舒适的环境。因为要根据温度值控制空调的开关，所以系统中既用到模拟量数据采集器 ADAM-4017 模块，又用到数字量数据采集器 ADAM-4150 模块。

问题 1：要完成全自动空调系统，需要哪些必要设备？

问题 2：ADAM-4017 模块与 ADAM-4150 模块的区别是什么？

拓展问题：与任务卡 5.1 的防入侵系统相比，应用程序中对数据的分析有何不同？

⏰ 任务目标 2

（1）能够根据应用需求选取设备，并能正确安装所有设备。

（2）能够正确连接各设备的电源线和设备间的数据线，保证可以正常获取数据。

（3）了解 ADAM-4017 模块与 ADAM-4150 模块各端口的作用及不同。

🖥 任务实施 2

1. 任务准备

（1）本任务所需设备：温湿度传感器、ADAM-4150 模块、ADAM-4017 模块、电磁继电器、风扇、RS-485/232 转换器接口、工具与耗材。

（2）应用程序：将本单元资源文件夹中的应用程序"全自动空调系统"安装至计算机。

（3）阅读如图 5-13 所示全自动空调系统流程图或通过扫描二维码 5-2 观看系统运行简介视频，了解全自动空调系统的工作流程。

（4）各小组按照任务所需设备清单领取设备，并对各设备进行基本的功能检测，确保设备完好无损，能够正常使用。

2. 安装设备

（1）各小组参考图 5-14 用 Visio 软件或在实训报告上绘制全自动空调系统布局图。

（2）按照绘制的系统布局图，结合前面任务所学知识，将温湿度传感器、ADAM-4150 模块、ADAM-4017 模块、电磁继电器、风扇安装到实训工位上。

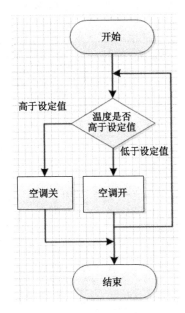

图 5-13 全自动空调系统流程图

二维码 5-2 系统运行简介视频

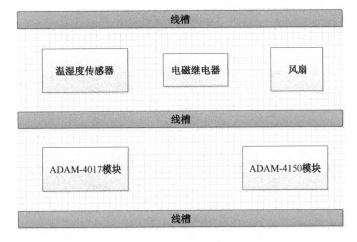

图 5-14 全自动空调系统布局图

3. 设备接线

根据表 5-5 所示的设备接线关系，了解本系统数据通信流程，按照步骤进行设备接线。

（1）温湿度传感器的红、黑色电源线连接 24 V 电源正、负极，温度信号线（蓝色线）连接 ADAM-4017 模块的 Vin0+端口，湿度信号线（绿色线）连接 ADAM-4017 模块的 Vin2+端口，Vin0−端口与 Vin2−端口连接 24 V 电源负极。温湿度传感器接线图如图 5-15 所示。

表 5-5　设备接线关系

	DO 端口	DI 端口	DATA+/DATA-	+VS/GND	GND
ADAM-4150 模块	信号输出口（电磁继电器⑦端口）	信号输入口	RS-485/232 转换器的 T/R+与 T/R-	供电（24 V 电源正/负极）	信号地线

	Vin0+/Vin2+　Vin0-//Vin2-		DATA+/DATA-	+VS/GND
ADAM-4017 模块	温湿度传感器蓝/绿色信号线负极 24 V 电源负极		RS-485/232 转换器的 T/R+与 T/R-	供电（24 V 电源正/负极）

	①、②端口	③、④端口	⑤、⑥端口	⑦、⑧端口
电磁继电器	悬空	负载（风扇红、黑色线）	⑤端口接 12 V 电源正极 ⑥端口接 12 V 电源负极	⑦端口接 24 V 电源正极 ⑧端口接 ADAM-4150 模块的 DO2 端口

	"+"		"-"	
风扇	电源正极接电磁继电器③端口		电源负极接电磁继电器④端口	

	蓝色线	红色线	黑色线	绿色线
温湿度传感器	ADAM-4017 模块 Vin0+	24 V 电源正极	24 V 电源负极	ADAM-4017 模块 Vin2+

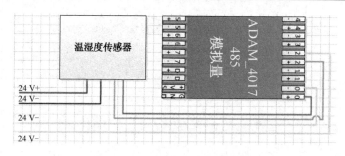

图 5-15　温湿度传感器接线图

（2）电磁继电器的③、④端口接风扇，⑤、⑥端口接 24 V 电源正、负极，⑦端口接 24 V 电源正极，⑧端口接 ADAM-4150 模块的 DO2 端口，①、②端口悬空。电磁继电器接线图如图 5-16 所示。

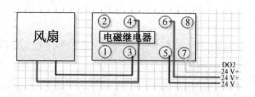

图 5-16　电磁继电器接线图

（3）ADAM-4017 模块的+Vs 端口接 24 V 电源正极，GND 端口接 24 V 电源负极，如图 5-17 左侧所示。

（4）ADAM-4150 模块的+Vs 端口接 24 V 电源正极，GND 端口接 24 V 电源负极，如图 5-17 右侧所示。

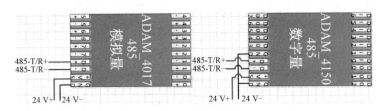

图 5-17　ADAM-4017/ADAM-4150 模块接线图

（5）使用足够长的线，将 ADAM-4017 模块与 ADAM-4150 模块的 DATA+和 DATA-数据线并联接到 RS-485/232 转换器接口的 T/R+与 T/R-端口，如图 5-18 所示。

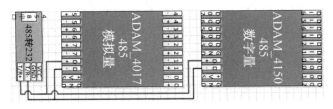

图 5-18　RS-485/232 转换器接线图

（6）将 RS-485/232 转换器的 232 协议端口连接到计算机的 COM 端口。

（7）检查整个系统的连接，根据图 5-19 检查每个端口的连接是否正确，确保所有接线正确牢固后再进行送电。

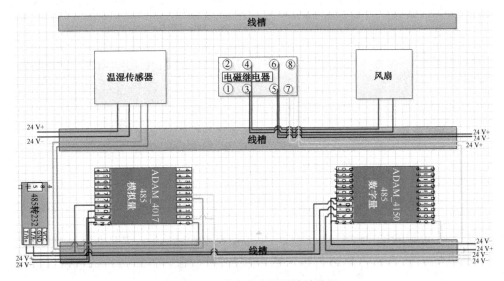

图 5-19　全自动空调系统接线图

4．应用程序调试与运行

（1）运行本任务的"全自动空调系统"应用程序，界面如图 5-20 所示。

图 5-20　"全自动空调系统"应用程序界面

（2）在"温度临界值"对应文本框中输入温度临界值，单击"设置"按钮，应用程序提示"设置成功"。

（3）改变温湿度传感器周边的温度和湿度，观察应用程序获取的实时温湿度值的变化情况。

（4）修改温度临界值，使实时温度值大于设置的临界值，模拟温度偏高，则应用程序会通过 ADAM-4150 模块的 DO2 端口输出控制信号，触发电磁继电器，为风扇（空调）供电，使风扇（空调）运转，进行降温。

（5）同样，修改临界值，使实时温度值小于设置的临界值，模拟温度适宜，风扇就会停止运行。

（6）观察风扇（空调）在运转状态和停止状态时，ADAM-4150 模块面板 DO2 对应的指示灯的亮灭情况，并描述原因。

（7）在整个任务实施过程中，要求注意用电安全，重视操作规范，遵循发扬 7S 原则。

📖 任务总结 2

1．总结

本任务选用几个代表性的设备模拟搭建了全自动空调系统，达到了智能测温控温的效果。在整个系统的搭建过程中，重点是要根据系统功能选取合适的设备、规划各设备之间的关系及连接。同学们可以灵活运用所学知识，对本任务的全自动空调系统进行改进和完善。

2．目标达成测试

（1）本任务中用到的感知设备是_____，它属于_____传感器，工作在物联网三个层次的_____层。

  A．ADAM-4017 模块 模拟量 感知层

  B．电磁继电器 模拟量 网络层

  C．ADAM-4150 模块 数字量 感知层

  D．温湿度传感器 模拟量 感知层

（2）本任务中从采集模块到计算机的数据传输用到了_____设备。

  A．RS-485/232 转换器   B．ADAM-4150 模块

  C．路由器   D．电磁继电器

（3）使用 Visio 绘图软件画出 ADAM-4017 模块与温湿度传感器和 RS-485/232 转换器的接线图。

（4）简述本任务中电磁继电器的工作过程。

能力拓展 2

（1）在系统运行时，调整温湿度传感器周边的温度，使温度值产生变化。用万用表测量 ADAM-4017 模块 Vin0+端口的电压值，记录在表 5-6 中，观察分析电压值与应用程序显示的温度值之间的关系。

表 5-6 电压值与温度值记录表

Vin0+端口/电压值			
应用程序/温度值			

（2）完成本任务后，你在改善城市生活方面有没有什么创新启发？请分享你的创意和想法，为城市更新行动建言献策。

🎓 **学习评价 2**

请填写本任务学习评价表，如表 5-7 所示。

表 5-7　学习评价表

自我评价（25 分）		小组评价（25 分）		教师评价（50 分）	
明确任务目标（5 分）		出勤与课堂纪律（5 分）		态度端正，积极主动参与（10 分）	
能够跟进课堂节奏，完成相应练习（10 分）		善于合作与分享，负责任有担当（10 分）		能够理解和接受新知识（10 分）	
				能够独立完成基本技能操作（15 分）	
了解重点知识，能够讲述主要内容（10 分）		讨论切题，交流有效，学习能力强（10 分）		善于思考分析与解决问题（10 分）	
				能够联系实际，有创新思维（5 分）	
合计得分		合计得分		合计得分	
本人签字		组长签字		教师签字	

💡 **知识链接 2**

1. 智能空调

智能空调是具有自动调节功能的空调。智能空调系统能实现根据外界气候条件，按照预先设定的指标对温度、湿度、空气清洁度传感器所传来的信号进行分析、判断，及时自动打开制冷、加热、去湿及空气净化等功能。

在先进的智能汽车中，其空调系统还与其他系统（如驾驶员打瞌睡警报系统）相结合，当发现司机精神不集中、有打瞌睡迹象时，空调能自动散发出使人清醒的香气。

2. 了解"实施城市更新行动"

党的十九届五中全会通过的《中共中央关于制定国民经济和社会发展第十四个五年规划和二〇三五年远景目标的建议》明确提出实施城市更新行动，这是以习近平同志为核心的党中央站在全面建设社会主义现代化国家、实现中华民族伟大复兴中国梦的战略高度，对进一步提升城市发展质量作出的重大决策部署。我们要深刻领会实施城市更新行动的丰富内涵和重要意义，坚定不移实施城市更新行动，努力把城市建设成为人与人、人与自然和谐共处的美丽家园。

任务卡 5.3　一片光明——全自动照明系统

"绿水青山就是金山银山"。生态环境与人们的生活息息相关。物联网技术因为具有全面感知、可靠传递和智能处理的优势而越来越广泛地应用于生态环境领域中。随着社会的不断发展，物联网、云计算、大数据等多种技术将进一步与生活、生产深度融合，助力节能增效，服务人民生活，守护绿水青山。

★ 任务提出 3

为了解决传统式照明系统的电能浪费和管理烦琐的问题，某图书馆计划对照明系统进行升级改造。本任务模拟在图书馆的阅览区域搭建一个全自动照明系统，既为阅读者保证充足的光线，又能最大限度地节约资源。当有读者进入阅览区时，系统会结合自然光照值自动开启或关闭照明灯。通过应用程序可以手动控制照明灯，也可随时监看照明灯的工作状态。这一系统不但实现了照明自动化、智能化，也在很大程度上简便了照明系统的管理，既节省人力又节约电能资源。

问题1：要实现本任务照明系统的自动化，需要考虑哪些因素？

问题2：本任务中的全自动照明系统的智能化体现在哪些方面？

拓展问题：与传统的照明系统相比全自动照明系统用到了哪些物联网技术？

⏰ 任务目标 3

（1）能够根据需求选取合适的设备，合理规划各设备之间的联系，进行设备布局设计。

（2）能够团队配合快速、准确地完成设备安装和接线，并尽量达到合理、美观。

（3）能够利用所学知识对本任务照明系统的功能进行改进和提升。

任务实施 3

1. 任务准备

（1）本任务所需设备：光照传感器、人体红外传感器、ADAM-4017 模块、ADAM-4150 模块、电磁继电器、照明灯、RS-485/232 转换器接口、工具与耗材。

（2）应用程序：将本单元资源文件夹中的应用程序"全自动照明系统"复制到计算机中。

（3）全自动照明系统简介。

扫描二维码 5-3 观看系统运行简介视频，参考图 5-21 全自动照明系统流程图，了解全自动照明系统的运行流程。

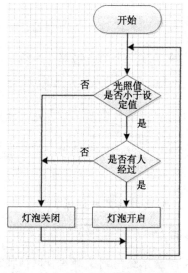

图 5-21　全自动照明系统流程图

二维码 5-3　系统运行简介视频

（4）各小组按照任务所需设备清单领取设备，并对各设备进行基本功能检测，确保设备完好无损，能够正常使用。

2. 安装设备

（1）各小组参考图 5-22 用 Visio 软件或在实训报告上绘制系统布局图。

（2）按照绘制的系统布局图，将光照传感器、人体红外传感器、ADAM-4017 模块、ADAM-4150 模块、电磁继电器、照明灯安装到实训工位上。

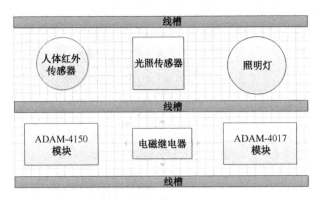

图 5-22　全自动照明系统布局图

3. 设备接线

参考表 5-8 进行设备接线。

表 5-8　设备接线关系

人体红外传感器	黄色线		红色线	黑色线
	ADAM-4150 模块的 DI0 端口		24 V 电源正极	24 V 电源负极
电磁继电器	①、②端口	③、④端口	⑤、⑥端口	⑦、⑧端口
	悬空	负载（照明灯红、黑色线）	⑤端口接 12 V 电源正极⑥端口接 12 V 电源负极	⑦端口接 24 V 电源正极⑧端口接 ADAM-4150 模块的 DO0 端口
照明灯	"+"		"_"	
	电源正极接电磁继电器③端口		电源负极接电磁继电器④端口	
光照传感器	黄色线		红色线	黑色线
	ADAM-4017Vin1+端口		24 V 电源正极	24 V 电源负极
ADAM-4150 模块	DO0 端口	DI0 端口	DATA+/DATA–	+VS/GND	GND
	信号输出口（电磁继电器⑦端口）	人体红外的黄色信号线	RS-485/232 转换器的 T/R+与 T/R–	供电（24 V 电源正极）	信号地线（24 V 电源负极）
ADAM-4017 模块	Vin1+/vin1–		DATA+/DATA–	+VS/GND
	光照传感器的信号线/24 V 电源负极		RS-485/232 转换器的 T/R+与 T/R–	供电（24 V 电源正极）24 V 电源负极

（1）光照传感器的红、黑色电源线分别接 24 V 电源正、负极，黄色线连接 ADAM-4017 模块的 Vin1+端口，ADAM-4017 模块的 Vin1–端口接 24 V 电源负极。光照传感器接线图如图 5-23 所示。

（2）人体红外传感器的红、黑色电源线接 24 V 电源正、负极，黄色线连接 ADAM-4150 模块的 DI0 端口。人体红外传感器接线图如图 5-24 所示。

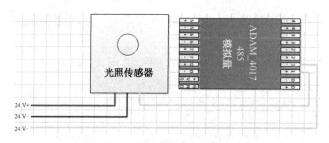

图 5-23　光照传感器接线图

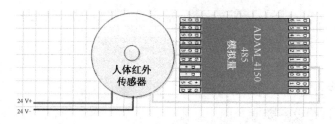

图 5-24　人体红外传感器接线图

（3）电磁继电器的③、④端口接照明灯，⑤、⑥端口接 12 V 电源正、负极，⑦端口接 24 V 电源正极，⑧端口接 ADAM-4150 模块的 DO0 端口，①、②端口悬空。电磁继电器接线图如图 5-25 所示。

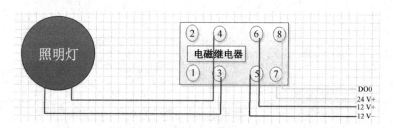

图 5-25　电磁继电器接线图

（4）ADAM-4017 模块的+Vs 端口接 24 V 电源正极，GND 端口接 24 V 电源负极，如图 5-26 左侧所示。

（5）ADAM-4150 模块的+Vs 端口接 24 V 电源正极，GND 端口接 24 V 电源负极，GND 端口也接 24 V 电源负极如图 5-26 右侧所示。

（6）将 ADAM-4017 模块与 ADAM-4150 模块的 DATA+和 DATA-数据线并联接到 RS-485/232 转换器接口的 T/R+和 T/R-端口（注：根据需要保留信号线的长度），如图 5-27 所示。

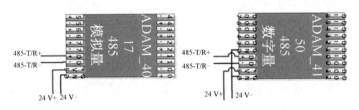

图 5-26　ADAM-4017/ADAM-4150 模块接线图

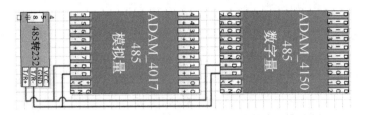

图 5-27　RS-458/232 转换器接线图

（7）将 RS-485/232 转换器的 232 协议端口连接到计算机的 COM 端口。

（8）检查全自动照明系统所有线路的连接，确保所有接线正确后为整个工位进行送电。全自动照明系统接线图如图 5-28 所示。

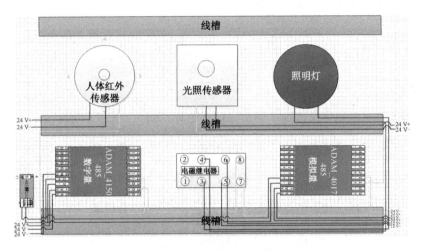

图 5-28　全自动照明系统接线图

4．应用程序调试与运行

（1）运行资源包中的"全自动照明系统"应用程序，界面如图 5-29 所示。

（2）应用程序运行初期，会获取光照值与人体数据。

（3）修改临界值，使光照值小于临界值，同时触发人体红外传感器，使其检测到有人，观察照明灯工作状态和应用程序界面变化。

图 5-29 "全自动照明系统"应用程序界面

（4）小组配合，进行多次试验。将相关数据记录到表 5-9 中，体会系统运行过程中各设备之间的工作关系。

表 5-9 数据记录表

	临界值	光照值	人员	照明灯状态
第一次				
第二次				
第三次				

（5）通过本系统的实施，思考物联网系统设计要考虑哪些因素，基本原则是什么？哪些方面需要完善或创新，思路是什么？

📖 任务总结 3

1. 总结

本任务为图书馆阅读区设计了全自动照明系统,装配了光照和人体红外两种传感器。因为如果只用光照传感器或只用人体红外传感器，只要光照值低于临界值或只要有人进入阅读区时，照明灯就会开启，免不了会造成电源浪费。为了尽量减少浪费，使用了两种传感器，系统只有在光照值过低的同时有人进入区域才会启动照明，而实现这一点最关键的环节是应用程序中对两个传感器数据的分析处理。同学们可参考本任务的知识链接内容，阅读对两个传感器数据进行分析的代码块，理解程序中条件判断语句的意义。同学们也可以通过修改应用程序的代码，对系统的功能或运行方式进行调整或创新。

2. 目标达成测试

（1）光照值的单位是什么_____。

A. ℃ B. Lx C. RH D. pm

（2）下列说法错误的是_____。

  A．本任务采用的光照传感器和人体红外传感器的信号类型分别为模拟量和数字量

  B．本任务只使用了光照传感器和人体红外传感器两个传感器，为了节约设备，可以只使用 ADAM-4017 模块或 ADAM-4140 模块其中一个即可

  C．本任务中的电磁继电器在系统中起"开关"的作用

  D．ADAM-4017 模块的 DI 端口和 DO 端口分别为信号输入端口和信号输出端口

（3）阅读图 5-30 流程图，根据流程图判断，当有读者进入阅读区时，系统应用程序显示检测的光照值为 1900，那么此时照明灯_____。

  A．一直开启   B．一直关闭

  C．由关闭变为开启   D．由开启变为关闭

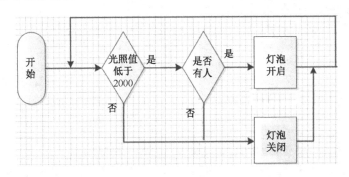

图 5-30　流程图

📖 能力拓展 3

  参考知识链接的应用程序源代码和 5 单元资源文件夹中的"全自动照明库文件"说明，使用 C#工具软件编写这个应用程序。

🎓 学习评价 3

  请填写本任务学习评价表，如表 5-10 所示。

表 5-10　学习评价表

自我评价（25分）		小组评价（25分）		教师评价（50分）	
明确任务目标（5分）		出勤与课堂纪律（5分）		态度端正，积极主动参与（10分）	
能够跟进课堂节奏，完成相应练习（10分）		善于合作与分享，负责任有担当（10分）		能够理解和接受新知识（10分）	
				能够独立完成基本技能操作（15分）	
了解重点知识，能够讲述主要内容（10分）		讨论切题，交流有效，学习能力强（10分）		善于思考分析与解决问题（10分）	
				能够联系实际，有创新思维（5分）	
合计得分		合计得分		合计得分	
本人签字		组长签字		教师签字	

💡 知识链接 3

本任务应用程序源代码参考如下。

```csharp
using SerialPortProvider;//引用主要库文件
using System;
using ……
namespace WpfHoods
{
  public partial class MainWindow : Window
  {
ADAM adam = new ADAM("COM1");
    //实例化ADAM函数，串口为COM1
double Critical_value = 0, Light;
    //定义double类型临界值变量与解析光照值变量
    ADAM-4117Data data;
ADAM-4150Data data2;
    //定义对象名
System.Windows.Threading.DispatcherTimer timer = null;
    //定义计时器函数
double Light_value;
    //定义光照值变量
    public MainWindow()
    {
      InitializeComponent();
    }

    private void InitTimer()
    {
timer = new System.Windows.Threading.DispatcherTimer();
//实例化计时器
timer.Interval = TimeSpan.FromSeconds(1);
//设置计时时间为一秒
      timer.Tick += timer_Tick;
```

```
      //绑定计时器作用函数
   }
void timer_Tick(object sender, EventArgs e)//计时器作用函数
{
   data = adam.ReadADAM-4117Data();
   //实例化ADAM-4017Data函数
   data2 = adam.ReadADAM-4150Data();
   //实例化ADAM-4150Data函数
   Light = ConvertHelper.Light(data.Value1) ;
   //获取到40171号端口的数据转为光照值,赋值给光照值解析变量
   t1.Text = Light.ToString("f2");
   //获取光照值小数点后两位
   Light_value = Convert.ToDouble(t1.Text);
   //将解析后的光照值,赋值给光照值变量
   Critical_value = Convert.ToDouble(t2.Text);
   //获取设置的临界值,赋值给临界值变量
   if (data2.DI0)//如果DI0端口有信号
    {
      human_body.Content = "有人";
      //界面人体文本显示"有人"
    }
   if (data2.DI0 == false)   //如果DI0端口没有信号
    {
       human_body.Content = "无人";
       //界面人体文本显示"无人"
    }
   if (Light_value <= Critical_value && data2.DI0 == true)
   //如果获取到的光照值小于临界值,并且检测到有人
    {
       adam.Switch(Switchs.OnDO1);//打开照明灯
       floodlight.Content = "开启";//界面显示"开启"
    }
   else   //如果没有满足条件
    {
        adam.Switch(Switchs.OffDO1);
       //关闭照明灯
        floodlight.Content = "关闭";
       //界面显示关闭
    }
  }
private void Window_Loaded(object sender, RoutedEventArgs e)
//应用程序 运行时执行的代码
 {
   adam.Connect();   //将adam函数打开,开始获取数据
   InitTimer();    //运行初始化计时器函数
   timer.IsEnabled = true;   //打开计时器
```

```
            }
        private void Window_Closing(object sender, System.ComponentModel.
CancelEventArgs e)
        //应用程序关闭时执行的代码
        {
            adam.Switch(Switchs.OffDO1);//关闭照明灯
            adam.Close();//关闭adam函数，停止获取数据
            }
        }
    }
```

任务卡 5.4　防患未"燃"——消防警报系统

安全生产任何时候都是一个企业持续稳定发展的第一要务。随着物联网技术越来越广泛地应用于各个领域，企业的安全管理迅速趋向自动化、智能化、高效化，为企业生产提供更加有效的保障。

任务提出 4

某工厂的消防系统，要求对生产环境进行智能监控和管理，以更好地保证生产安全。其中空气质量、烟雾、火焰等检测设备和警报、换气、灭火等自动处理装置安装在工厂厂房内，通过管理办公室的计算机应用程序可以实时查看厂房安全动态，并能根据需要进行远程控制。本任务请各小组利用实训设备结合所学知识，模拟对工厂消防警报系统进行规划设计和安装实施。

问题1：你理解的消防警报效果是怎样的？

问题2：想要达到上述效果，你会选用哪些设备，如何部署这些设备？

拓展问题：在多数据采集、远距离传输的应用中，你认为重要的技术有哪些？

任务目标 4

（1）能够进行合理设计，并考虑安全因素。

（2）熟悉所选设备的特点、工作原理。

（3）能够正确安装、连接和配置设备。

（4）能够利用应用程序对系统进行调试。

任务实施 4

1. 设备清单

空气质量传感器、直流信号隔离变送器、烟雾传感器、火焰传感器、电磁继电器、报警灯、风扇、ADAM-4017 模块、ADAM-4150 模块、串口服务器、RS-485/232 转换器、路由器、管理计算机。

2. 设计思路

（1）在工厂安装传感器，对空气质量、烟雾、火焰等环境数据进行检测。

（2）将传感器的信号汇集到 ADAM-4000 模块。

（3）采集模块将数据通过 RS-485/232 转换器进行转换，由串口服务器转发至网络。

（4）路由器作为网络中心设备，负责网络设备间的数据传输与转发。

（5）在工厂安装报警灯、风扇和灭火设备等装置。

（6）在管理计算机上安装应用程序，通过应用程序能够实时查看工厂的空气质量、烟雾浓度、火焰等环境数据，并根据警情自动控制调节工厂内报警灯、风扇等装置的运行。

3. 布局设计与接线图

各小组以分配的实训工位模拟厂房，根据设计思路对工位进行分区，并设计系统布局，用 Visio 绘制布局图，布局图参考图 5-31。

4. 设备安装

领取所需设备，进行功能测试确保各设备能正常工作。参考布局图，在实训工位上的指定区域安装设备。

（1）在数据采集区安装烟雾传感器、火焰传感器、空气质量传感器、直流信号隔离变送器。

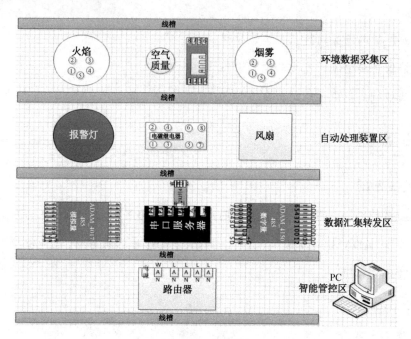

图 5-31　布局图

（2）在自动处理装置区安装报警灯、风扇（模拟通风装置或灭火装置）、电磁继电器。

（3）在数据汇集转发区安装 ADAM-4000 模块和串口服务器。

（4）在智能管控区安装路由器。

5. 设备接线

设备接线请参照第 2、3 单元的相应任务，或参考接线图，如图 5-32 所示。

（1）为所有设备连接工作电源线。

（2）火焰传感器的②端口接 ADAM-4150 模块的 DI1 端口，①端口和③端口串联，接 24 V 电源负极，④端口接 24 V 电源正极。

烟雾传感器的②端口接 ADAM-4150 模块的 DI2 端口，①端口和③端口串联，接 24 V 电源负极，④端口接 24 V 电源正极。

（3）空气质量传感器的红色线接 5 V 电源正极，黑色线接 5 V 电源负极，黄色信号线接直流信号隔离变送器的③端口。

（4）直流信号隔离变送器的④端口接 5 V 电源负极，⑦端口接 24 V 电源负极，⑧端口接 ADAM-4017 模块的 Vin7+端口，⑨端口和 C 端口分别接 24 V 电源正极和 24 V 电源负极。

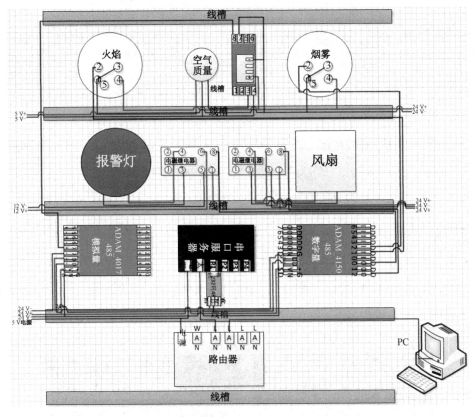

图 5-32　接线图

（5）ADAM-4017 模块的 DATA+和 DATA-数据线与 ADAM-4150 模块的 D+和 D-数据线对应并联，分别接至 RS-485/232 转换接口的 T/R+与 T/R-。

（6）RS-485/232 转换器的另一头——232 协议端口连接到串口服务器的 P1（COM2）端口。

（7）串口服务器通过网线与路由器的 LAN1 端口相连。

（8）检查安装和接线，确保设备牢固整齐，确保接线规范准确。

6. 设备配置

（1）网络设备配置。

各小组参考表 5-11 配置网络设备的网络地址，注意同一小组的网络设备 IP 需在同一网段。

表 5-11　网络地址

	路由器（网关）	串口服务器	计算机
IP	192.168.小组号.1	192.168.小组号.2	192.168.小组号.3
子网掩码	255.255.255.0		

（2）串口服务器配置。

利用串口服务器驱动软件，将 IP 地址设定为"192.168.小组号.2"，并设置串口服务器的 P1、P2、P3、P4 端口分别为 COM2、COM3、COM4、COM5。完成后进入串口设置网页，设置 COM2 端口的波特率为 9600。

7．连接测试

（1）在计算机的命令窗口用 ping 命令测试计算机到串口服务器和路由器的连通性。网络连通测试如图 5-33 所示，如果为左侧结果表示已连通，网络配置完成；如为右侧结果表示没有连通，需分别检查链路或 IP 地址配置情况，排除故障，直到测试连通。

图 5-33　网络连通测试

（2）检查工位上各设备接线情况，特别是各设备的供电电源要连接准确，避免烧毁设备。确保所有接线正确后，接通工位电源。

8．应用程序安装与调试

（1）在管理控制区计算机上安装"消防警报系统"应用程序，界面如图 5-34 所示。

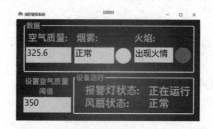

图 5-34　"消防警报系统"应用程序界面

（2）在应用程序界面设置空气质量阈值，以便系统根据阈值自动开启或关闭通风换气装置。

（3）分别触发火焰传感器和烟雾传感器，观察应用程序界面与报警灯状态。

（4）各小组分别就自己小组完成的系统进行演示和讲解，在表5-12中记录各工位系统运行的数据，根据系统获取数据的情况、自动控制的实现情况给出评价。

表5-12　运行记录

	火焰	烟雾	空气质量	空气质量阈值	报警灯状态	风扇状态
记录1						
记录2						
记录3						

📖 任务总结 4

1. 总结

本任务利用路由器、串口服务器、ADAM-4000模块、RS-485/232转换器等，模拟搭建了工厂的消防警报系统，实现了多数据采集和远距离传输。通过本任务同学们体验了应用系统设计过程中根据需求整理设计思路、合理选择设备、规划设备部署、组建传输网络、编制应用程序等过程。各小组可以相互比较系统完成情况，分析优点和不足，根据需要对系统提出改进建议。也可结合实际发挥想象，自行开发应用程序，进行创新设计和实施。

2. 目标达成测试

（1）为了满足多类型数据采集，本任务选用了＿＿＿＿设备。

（2）为了满足远距离传输，本任务选用了＿＿＿＿、＿＿＿＿设备。

（3）要测试两个网络设备是否连通，可以使用＿＿＿＿方法。

　　A. ping命令　　　　　　　　　　B. ipconfig命令

　　C. 查看网线是否连接　　　　　　D. 无法测试

（4）拓展作业1：小组探究本任务中的网络设备可否使用DHCP方式获得IP地址，如果使用DHCP方式，各设备应该怎样配置？各小组将探究结果以文档的方式呈现。

（5）拓展作业 2：本任务的网络设备的 IP 地址配置对整个系统的运行十分重要，如果将路由器的局域网 IP 地址设置为 10.12.20.1/29，则同一系统内其他网络设备可以使用的 IP 地址和子网掩码为_____。

A. 10.12.20.4　255.255.255.248　　　　B. 10.12.20.8　255.255.255.0

C. 10.12.20.16　255.255.255.248　　　　D. 10.12.20.32　255.255.0.0

（6）拓展作业 3：图 5-35 是本任务中系统运行时的数据流向图，请分析图中数据流向，结合系统功能，补充缺少的设备名称和传感器的数据流向箭头。

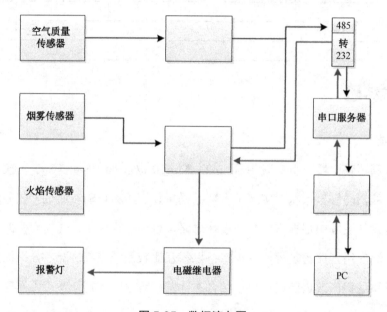

图 5-35　数据流向图

📡 能力拓展 4

（1）除了烟雾、火焰报警器和自动化通风系统，工厂中一般还需要时刻监测温度、提供照明，以确保工厂温度适宜、照明充足。请各小组根据上述需求对工厂的消防警报系统进行改造升级，增加自动照明和温控功能。

（2）上述工厂在进一步改造升级中，要求对工厂进行视频监控，根据前面任务学习的摄像头的使用，请在上述任务完成的基础上，添加摄像头的安装、配置与连接。实现在管理计算机上能够随时查看工厂的情况，并每隔 30s 抓拍一次，将抓拍的照片存储到指定路径中。

学习评价 4

请填写本任务学习评价表，如表 5-13 所示。

表 5-13　学习评价表

自我评价（25 分）		小组评价（25 分）		教师评价（50 分）	
明确任务目标（5 分）		出勤与课堂纪律（5 分）		态度端正，积极主动参与（10 分）	
能够跟进课堂节奏，完成相应练习（10 分）		善于合作与分享，负责任有担当（10 分）		能够理解和接受新知识（10 分）	
				能够独立完成基本技能操作（15 分）	
了解重点知识，能够讲述主要内容（10 分）		讨论切题，交流有效，学习能力强（10 分）		善于思考分析与解决问题（10 分）	
				能够联系实际，有创新思维（5 分）	
合计得分		合计得分		合计得分	
本人签字		组长签字		教师签字	

知识链接 4

1．动态主机配置协议

（1）简介。

动态主机配置协议（Dynamic Host Configuration Protocol，DHCP）通常被应用在大型的局域网络环境中，主要作用是集中的管理、分配 IP 地址，使网络环境中的主机动态地获得 IP 地址、Gateway 地址、DNS 服务器地址等信息，并能够提升地址的使用率。

DHCP 采用客户端/服务器模型，主机地址的动态分配任务由网络主机驱动。当 DHCP 服务器接收到来自网络主机申请地址的信息时，才会向网络主机发送相关的地址配置等信息，以实现网络主机地址信息的动态配置。

（2）工作过程（原理）。

DHCP 工作时要求客户机和服务器进行交互，由客户机通过广播向服务器发起申请 IP 地址的请求，然后由服务器分配一个 IP 地址及其他的 TCP/IP 设置信息。DHCP 工作工程如图 5-36 所示，整个过程可以分为以下步骤。

第一步，IP 地址租用申请。DHCP 客户机的 TCP/IP 首次启动时，要执行 DHCP 客户程序，以进行 TCP/IP 的设置。由于此时客户机的 TCP/IP 还没有设置完毕，只能使用广播的方式发送 DHCP 请求信息包，广播包使用 UDP 67 和 UDP 68 端口进行发送，广播信息中包括了客户机的网络界面的硬件地址和计算机名字，以提供 DHCP 服务器进行分配。

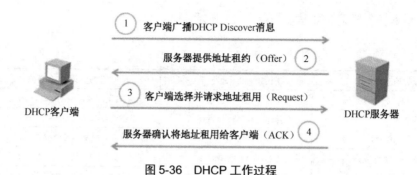

图 5-36　DHCP 工作过程

第二步，IP 地址租用提供。当接收到 DHCP 客户机的广播信息之后，所有的 DHCP 服务器均为这个客户机分配一个合适的 IP 地址，将这些 IP 地址、网络掩码、租用时间等信息按照 DHCP 客户提供的硬件地址发送回 DHCP 客户机。这个过程中 DHCP 服务器没有对客户计算机进行限制，因此客户机能收到多个 IP 地址。

第三步，IP 地址租用选择。由于客户机接收到多个服务器发送的多个 IP 地址，客户机将选择一个 IP 地址，拒绝其他 IP 地址，以便这些地址能分配给其他客户。客户机将向它选择的服务器发送选择租用信息。

第四步，IP 地址租用确认。服务器将收到客户的选择信息，如果没有例外发生，将回应一个确认信息，将此 IP 地址真正分配给客户机。客户机就能使用此 IP 地址及相关的 TCP/IP 数据，来设置自己的 TCP/IP 堆栈。

2．路由器 DHCP 设置

（1）打开路由器的管理页面。

（2）在管理页面中单击"高级设置"图标。

（3）找到高级设置页面中 DHCP 服务。

（4）开启 DHCP 服务设置 IP 地址范围。

3．ping 命令简介

（1）简介。

ping（Packet Internet Groper）是一种互联网分组探测器，用于测试网络连接量的程序。

ping 是工作在 TCP/IP 网络体系结构中应用层的一个服务命令,主要是向特定的目的主机发送互联网控制报文协议(Internet Control Message Protocol, ICMP)Echo 请求报文,测试目的站是否可达及了解其有关状态。

ping 用于确定本地主机是否能与另一台主机成功交换(发送与接收)数据包,再根据返回的信息,就可以推断 TCP/IP 参数是否设置正确,以及运行是否正常、网络是否通畅等。ping 命令可以进行以下操作。

① 通过将 ICMP 回显数据包发送到计算机并侦听回显回复数据包来验证与一台或多台远程计算机的连接。

② 每个发送的数据包最多等待 1 s。

③ 打印已传输和接收的数据包数。

需要注意的是,ping 成功并不一定就代表 TCP/IP 配置正确,有可能还要执行大量的本地主机与远程主机的数据包交换,才能确信 TCP/IP 配置的正确性。如果执行 ping 成功而网络仍无法使用,那么问题很可能出在网络系统的软件配置方面,ping 成功只保证当前主机与目的主机间存在一条连通的物理路径。

(2)ping 命令的用法。

在 Windows 系列操作系统中,我们都可以使用 ping 命令来解决网络中出现的路由问题,方法如下。

① 在 Windows 系列操作系统中使用"ipconfig.exe"检查 IP 配置。

② 在 Windows 系列操作系统中,ping 命令允许在命令行中输入选项,命令形式如下:

"C:\>ping 192.168.100.10",此时使用的是 IP 协议。

在路由器的用户模式下,也可以使用 ping 命令,它是一个简单的全局命令,用法同 Windows 系列操作系统相同,只是返回代码不同。其形式是:"Router>ping 192.168.100.10",路由器默认使用 IP 协议。

在路由器的特权模式下,可以使用其他几个选项,这就是所谓的扩展 ping,它是以交互形式工作的。扩展 ping 的可用其他选项包括:使用不同大小的数据包;增加应答等待时间间隔；一次发送多于 5 个数据包；在 IP 报头设置"不分段"位；在其他协议中使用 ping，如 IPX 和 Apple Talk。方法是在 enable 模式下输入 ping 并按回车键即可启动扩展 ping，ping 工具将提示输入各种变量值。其形式是：

```
Router#ping
Protocol[ip]:***
TargetIPaddress:****
```

任务卡 5.5　大赛模拟——单元贯穿

本任务提供一套职业院校技能大赛"物联网技术应用与维护"赛项的任务书，并提供对应的参考答案"结果文档"。

1. 请扫描二维码 5-4，查看或下载大赛任务书。

二维码 5-4　大赛任务书

2. 大赛任务书参考答案见本单元资源文件夹。

3. 大赛中不同的任务分工代表着不同的工作内容，通过大赛模拟，了解物联网行业含有哪些具体的工作岗位，谈谈你作为未来的物联网专业人员，你将选择哪类岗位就业？哪类岗位更能发挥你的优势，更能体现你在强国之路上的价值。

反侵权盗版声明

电子工业出版社依法对本作品享有专有出版权。任何未经权利人书面许可，复制、销售或通过信息网络传播本作品的行为；歪曲、篡改、剽窃本作品的行为，均违反《中华人民共和国著作权法》，其行为人应承担相应的民事责任和行政责任，构成犯罪的，将被依法追究刑事责任。

为了维护市场秩序，保护权利人的合法权益，我社将依法查处和打击侵权盗版的单位和个人。欢迎社会各界人士积极举报侵权盗版行为，本社将奖励举报有功人员，并保证举报人的信息不被泄露。

举报电话：（010）88254396；（010）88258888

传　　真：（010）88254397

E-mail：　dbqq@phei.com.cn

通信地址：北京市万寿路 173 信箱

　　　　　电子工业出版社总编办公室

邮　　编：100036